新世纪
应用伦理学丛书

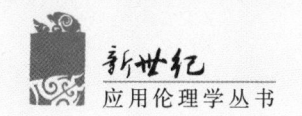

科技伦理问题研究
——一种论域划界的多维审视

陈 彬 著

中国社会科学出版社

图书在版编目（CIP）数据

科技伦理问题研究：一种论域划界的多维审视/陈彬著.
—北京：中国社会科学出版社，2014.12（2021.9 重印）
ISBN 978-7-5161-5146-4

Ⅰ.①科⋯　Ⅱ.①陈⋯　Ⅲ.①科学技术—伦理学—研究
Ⅳ.①B82-057

中国版本图书馆 CIP 数据核字（2014）第 279826 号

出 版 人	赵剑英
责任编辑	卢小生
特约编辑	李舒亚
责任校对	闫　萃
责任印制	王　超

出　　版	中国社会科学出版社
社　　址	北京鼓楼西大街甲 158 号
邮　　编	100720
网　　址	http://www.csspw.cn
发 行 部	010-84083685
门 市 部	010-84029450
经　　销	新华书店及其他书店
印　　刷	北京明恒达印务有限公司
装　　订	廊坊市广阳区广增装订厂
版　　次	2014 年 12 月第 1 版
印　　次	2021 年 9 月第 2 次印刷
开　　本	710×1000　1/16
印　　张	11.75
插　　页	2
字　　数	197 千字
定　　价	35.00 元

凡购买中国社会科学出版社图书，如有质量问题请与本社营销中心联系调换
电话：010-84083683
版权所有　侵权必究

《新世纪应用伦理学丛书》编委会

主　任　衣　芳
编　委　（按姓氏笔画为序）
　　　　马永庆　王培芝　吕本修　杜振吉
　　　　张友谊　陈　彬　杨亚利　姜克俭
　　　　郝立忠　贾英健　涂可国　黄富峰
　　　　焦丽萍　裴传永

总　序

应用伦理学是20世纪60年代末70年代初形成的一门新兴学科，最早诞生于美国，20世纪80年代后便迅速在欧洲大陆及全世界兴盛起来。其任务在于从道德角度分析现实社会不同分支领域里出现的重大现实问题，为这些问题所引起的道德冲突与悖论的解决创造一种对话平台，从而为赢得相应的社会共识提供伦理上的理论支持。

应用伦理学最显著的特点就是直面现实，关注生活。从伦理学发展来看，正是元伦理学与现实生活的严重脱节，为应用伦理学的兴起提供了重要契机。元伦理学注重道德陈述的语言形式及道德词汇的意义，关注对道德概念与判断的内涵与逻辑的分析，而不注重研究某一行为、某一规则及规则的标准在道德上的善恶内蕴，其结果，必然导致伦理学理论与生活的疏离。从理论性质来看，伦理学就是寻求生活之道的学问。道德就是我们生活的道德，生活就是道德的生活。道德内在存在于我们的生活之中，而不是存在于我们的生活之外，或生活之上。伦理学就是从道德角度来关照现实生活，揭示我们生活的道德意义与道德价值，以便使我们生活得更充实、更幸福。中国古代的哲人们，不论是孔孟，还是老庄，最终都是追求生活之道，都是让社会生活更和谐有序，让个人生活更幸福美满。法国哲学史家皮埃尔·阿多曾认为，古代哲学为人类提供了生活艺术。与之对照，现代哲学主要是为专家们保留的技术性行话建构。不论是哲学或是伦理学，当理论仅仅沦为一种"技术性行话建构"时，它只能成为精英们把玩的语言游戏，从而不再关乎人们灵魂的安定与内在的自由，不再关乎我们的生活。而应用伦理学的兴趣，恰恰不在于"技术性行话的建构"，而在于对于现实生活的道德分析，以期形成共识，达到一致，解决问题，从而使我们的生活更幸福美满。

应用伦理学面对生活，是一种双向建构的过程。首先，应用伦理学要把理论伦理学的理论成果应用于现实生活从而改变生活。在现实生活的具体道德情境中，面对道德问题与道德冲突，我们如何进行道德的思考？我们自然会把我们的思考与理论伦理学相联结，既定的道德理论、道德原则与规范，成为我们思考现实生活问题的道德依据，而这种依据的内在合理性是由理论伦理学完成的，因此，应用伦理学不可能完全脱离理论伦理学。反而，要借助理论伦理学的理论成果考察我们的生活，最终解决现实问题，使我们的生活不断趋于完善。其次，应用伦理学不仅仅是一般道德原则与规范的简单应用，而是内在地蕴含着对道德原则与规范的修正与扩充，或者说是生成与重塑。俗话说：理论是灰色的，生活之树常青。现实生活无时无刻不在变化之中，理论伦理学给定的道德原则与道德规范，当面对日益变化的生活现实时，就会显示出其理论的局限性与匮乏性，一般的道德原则与规范远远不能包含现实生活的丰富性与复杂性。比如，自主原则，这是在现代视域下由理论伦理学确立的一个基本的道德原则。但是，当我们面对没有自主能力的人类胚胎、胎儿、婴儿、精神病患者、植物人和未来人时，我们不免感觉力不从心，但是，这些人的权利与利益同样需要维护，甚至这些人更需要道德的关照。因此，现实生活的丰富性与复杂性要求应用伦理学在考察现实道德问题时，既要借助于一般的道德原则与规范，又不能固守于一般的道德原则与规范，更要从现实问题出发，根据新的条件与实际情况，对既有的道德原则与规范，进行重新解释与定义，甚至是修正与扩充。因此，对于现实问题的道德考察过程，本身也是一种创造过程，其间蕴含着道德原则与规范的生成与重塑。

关注现实生活，推进伦理学理论研究与精神文明建设健康发展，是山东省伦理学与精神文明建设研究基地的一贯价值追求。山东省伦理学与精神文明建设研究基地，是挂靠山东省委党校的省级学术性组织。2006年成立以来，基地在山东省委党校的关心与帮助下，在首席专家衣芳教授的直接领导下，组织全省的伦理学工作者，开展了卓有成效的工作，取得了丰硕成果。在理论研究方面，主持并完成国家级与省级课题40余项，出版著作20余部，发表国家级学术文章150余篇；在实践调研方面，撰写调查报告30余篇，其中多篇受到省委主要领导的高度重视与好评；在学术交流方面，主办全国性及全省性的理论研讨会六次。基地全体成员的辛勤劳动及优秀理论成果，对于推进伦理学的理论研究以及精神文明建设的健康发展起了积极的作用。

面对社会现实，在道德建设方面还存在诸多有待思考与解决的问题。

网络对现实生活的全面渗透，不仅使我们有了新的生存空间，而且改变着我们的存在方式与生活方式，并带来了大量的道德问题；现代科学技术的发展，创造了辉煌的现代文明，同时也导致诸多的道德困惑；市场经济的发展使我们物质上更加富足，对于金钱的追求日益成为人们的生活准则，这对于市场化的确立与全面展开起了重要的推动作用，但是它所引发的深层矛盾与冲突不得不令我们思考；生态问题的全球化蔓延，已经严重地危害到人类自身的生存与发展……面对现实问题，我们作为伦理学工作者，深感社会责任之重。因此，山东省伦理学与精神文明建设研究基地从应用伦理学的角度对现实问题进行切入，设计了这套《新世纪应用伦理学丛书》。这套丛书内容广泛，涉及网络伦理学、科技伦理学、生态伦理学、经济伦理学、政治伦理学、媒介传媒伦理学等多个领域的内容；这套丛书作者多是理论功底扎实的中青年学者，他们思维敏捷、精力充沛，对本学科的前沿理论有着敏感的认知与把握。我们期待着他们通过自己的独立思考与辛勤劳动，为大家奉献有理论特点与实践价值的作品！我们期待着这套丛书作为应用伦理学百花园里的一朵小花，为我们的生活增添一丝美丽！

《新世纪应用伦理学丛书》编委会
2012 年夏于泉城

目　录

导论：科学技术的发展与科技伦理的凸显 ……………………… 1
　　一　科学技术概观 …………………………………………… 2
　　二　科学技术发展及其风险困境 …………………………… 7
　　三　科技伦理何以可能 ……………………………………… 10
　　四　当代科技伦理的研究论域及其界定 …………………… 13

第一章　本体域：科学技术价值问题和伦理指向 ……………… 16
　第一节　科学技术与价值的关系问题 ………………………… 16
　　一　价值与科学技术的价值 ………………………………… 17
　　二　科学技术的外在（外显）价值表征 …………………… 19
　　三　科学技术的内在（内隐）价值争论 …………………… 22
　第二节　科学技术与道德的关系问题 ………………………… 28
　　一　道德与科学技术活动中的道德 ………………………… 29
　　二　科学技术与道德关系的历史之维 ……………………… 30
　　三　科学技术与道德关系的现实之维 ……………………… 35
　第三节　科学技术的伦理指向 ………………………………… 38
　　一　协调平衡的自然生态 …………………………………… 38
　　二　充满活力和谐发展的社会 ……………………………… 39
　　三　自由全面发展的人 ……………………………………… 40

第二章　主体域：科技伦理责任主体的伦理责任 ……………… 42
　第一节　责任伦理与科技伦理的责任主体界定 ……………… 42
　　一　责任与责任伦理 ………………………………………… 43
　　二　科技伦理责任主体的形成与界定 ……………………… 45

第二节 科技伦理责任主体的责任原则和目标 ………… 48
    一 科技伦理责任主体的责任原则 ………………… 48
    二 科技伦理责任主体的责任目标 ………………… 50
第三节 科技工作者的科技伦理责任 ……………………… 52
    一 科技工作者伦理责任问题的提出和发展 ……… 52
    二 科技工作者伦理责任的主要内容 ……………… 56
第四节 政府及科技管理者的科技伦理责任 ……………… 61
    一 推进科技创新，积极应对科技革命冲击的
      伦理责任 …………………………………………… 61
    二 规范科技发展，防止科技成果滥用的伦理责任 … 62
    三 完善科技体制，平衡各方科技利益的伦理责任 … 63
第五节 企业家和公众的科技伦理责任 …………………… 63
    一 企业家的科技伦理责任 ………………………… 64
    二 公众的科技伦理责任 …………………………… 64

第三章 客体域：自然生态伦理与环境正义 …………… 67

第一节 科学技术是人与自然相互关系的中介 …………… 67
    一 人的能动性与受动性 …………………………… 68
    二 科学技术发展和人与自然关系的历史变迁 …… 69
第二节 科学技术引发的生态问题及其特征 ……………… 71
    一 科学技术引发的生态问题 ……………………… 71
    二 科技时代的生态问题特征 ……………………… 76
第三节 科学技术伦理的生态转向与生态伦理的生成 …… 79
    一 科学技术伦理的生态转向 ……………………… 79
    二 生态伦理的生成和发展 ………………………… 83
第四节 生态伦理研究的两大派别及其基本思想 ………… 87
    一 人类中心主义 …………………………………… 87
    二 非人类中心主义 ………………………………… 89
第五节 科学技术的生态关怀与维护环境正义 …………… 91
    一 科学技术生态关怀和维护环境正义的基本原则 … 91
    二 科学技术生态关怀和维护环境正义的基本路径 … 93

目 录

第四章 学科域：各门学科的自然科学技术伦理问题 …… 96

第一节 生命科技的伦理问题及其思考 …… 96
一 当代生命科技引发的伦理问题 …… 97
二 生命科技伦理应遵循的原则 …… 106
三 生命科技领域的伦理治理 …… 108

第二节 神经科学伦理问题及其思考 …… 110
一 神经科学引发的意志自由危机与道德责任问题 …… 110
二 脑神经成像技术中的隐私问题 …… 111
三 神经增强中的安全与公正问题 …… 112

第三节 纳米科技伦理问题及其思考 …… 112
一 纳米材料的安全问题 …… 113
二 纳米技术应用引发的个人隐私问题 …… 114
三 纳米技术应用于人类增强的伦理问题 …… 114
四 纳米技术的军事应用引发的伦理问题 …… 115

第四节 信息网络科技伦理问题及其思考 …… 115
一 信息网络科技伦理问题的表现 …… 116
二 信息网络科技伦理产生的原因思考 …… 118
三 信息网络伦理问题的解决之道 …… 119

第五节 核技术伦理问题及其思考 …… 121
一 核技术伦理的问题表现 …… 121
二 核技术伦理问题的原因探析 …… 124
三 核技术伦理问题的实践应对 …… 125

第五章 工程域：工程价值与工程伦理分析 …… 129

第一节 工程与工程伦理学的发展 …… 129
一 工程的概念辨析 …… 129
二 工程的一般特点 …… 130
三 工程伦理学的兴起 …… 131
四 工程伦理学的发展 …… 132

第二节 工程伦理学目标和工程活动的伦理原则 …… 133
一 工程伦理学目标 …… 133

  二 工程活动的基本伦理原则……………………………… 134
 第三节 工程的价值审视……………………………………… 136
  一 工程活动的造物价值…………………………………… 137
  二 工程活动的伦理道德价值……………………………… 138
  三 工程活动的环境价值…………………………………… 138
 第四节 工程活动中的伦理问题……………………………… 139
  一 工程活动中伦理缺失的外在表现……………………… 139
  二 工程活动中伦理精神的内在支撑……………………… 144

第六章 管理域：科学技术社会运行的伦理治理……………… 148

 第一节 科学技术社会运行的当代形态和伦理治理意义…… 148
  一 科学技术社会运行的当代形态………………………… 149
  二 科技社会运行伦理治理的意义………………………… 151
 第二节 科学技术社会运行伦理治理的内涵和路径………… 153
  一 科学技术社会运行伦理治理的内涵和任务…………… 153
  二 科学技术社会运行伦理治理路径……………………… 155
 第三节 科学技术社会运行伦理治理的现实障碍…………… 157
  一 宏观层面的伦理治理障碍……………………………… 157
  二 微观层面的伦理治理障碍……………………………… 161
 第四节 科学技术社会运行伦理治理措施…………………… 164
  一 宏观层面措施…………………………………………… 164
  二 微观层面措施…………………………………………… 167

主要参考文献…………………………………………………… 171

后记……………………………………………………………… 175

导论：科学技术的发展与科技伦理的凸显

科学技术是推动社会文明不断进步的源泉和动力，科学认知和技术应用大大提高了社会生产力水平，引起了巨大的人类物质生活改善和思想观念变化。与此同时，科学技术的负效应也一直如影随形，让人心存忌惮。人类在不断追问：科学技术是不是一只瑰丽的潘多拉魔盒？对人类而言，它究竟是"天使"还是"魔鬼"？

其实，人类对科学技术这一特殊事物的深沉反思古已有之，在古希腊神话、基督教神学、近代怀疑主义以及中国古代诸家学派的思想体系中均有体现。但由于当时并没有建立现代意义的科学技术体系，更没有经历近现代科学技术与社会之间的深刻互动，所以，中西方古代的先贤智者只是提出了科技伦理思想的简单轮廓和零散命题。当下真正被学界称为"科技伦理"学科的兴起应该是在近代科学诞生以后，随着科学技术革命和工业革命的进程逐步凸显的。

时至今天，全球进入了一个科学技术主导的时代，科学技术的形象发生了很大的变化。一方面，科学技术在人类社会生活中的作用越来越大，它使人们的生活质量不断提高，人类积极地影响历史进程的可能性和必要性也在前所未有的扩大，极大地推动了人类社会物质文明和精神文明的发展，但另一方面，科学技术的发展与人类的价值理想相背离，在一定程度和范围内造成了十分严重的环境污染、生态破坏和文化危机等令人不堪忍受的沉重代价，将人类推向了不可持续生存与发展的危险边缘，现代科学技术给人类社会带来的不确定性与引发的社会问题也越来越受到人们的关注。按理说人类社会越发展，科学技术越强大，人类生活应该越安定幸福，但事实是日益强大的科技反而让人类置身于更危险的境地，如何理解和摆脱这一悖谬？这就需要对科学技术的伦理维度进行深入的分析思考。因此，这也是一个比以往任何时期都更加急切地呼唤"科技伦理"的时代。

一 科学技术概观

科学技术是当代社会形成和发展最强劲的内生原动力，是现代性和全球化的根，也是一项十分复杂的事业。若想真正从理论上把握和认识透彻科学技术却绝非易事，正像马克思·查尔斯沃斯说："什么是科学技术？如果没有人问我，我还知道；但当我要向提问者解释它时，我又不知道了。"[①] 事实上，从内在本质和表现特征方面看，"科学"和"技术"二者还是有很大差异的，因此很多学者主张把二者明确区分认识，不能混为一谈。但在当代社会，科学和技术已经达到高度统一，科学技术一体化趋势十分显著，人们常常把二者连用，简称"科技"。特别是在当下中国日常语境中二者连用也习以为常，几乎约定俗成。本书也沿袭这样的一般称谓，把科学技术连用而未作明确区分，目的就是突出科学技术作为一种社会要素的同质性，但绝不意味着摒弃或忽视科学和技术的差异。沿着这样的思路，梳理现当代科技理论研究者的理论成果，对科学技术的本质概观认识大致上可以有如下概括：

（一）科学技术是一种知识体系

在静态的存在意义上说，我们通常会把科学技术理解成是人们研究自然、社会、思维的本质及其规律所获得的一种知识体系，认为科学技术是一种正确的、系统化的关于"是什么"、"为什么"、"会怎样"、"怎样做"的知识。显然，我们在日常生活中接触到的科学技术，大多也是以这样的知识形态出现的，这也是很多人心目中所理解的科学技术。比如：科学家向公众预报某日将出现日食的现象，并且解释什么是日食、为什么会出现日食、什么时候会出现日食、怎样观测日食，等等。这里，我们接触了"日食"的科学概念，有关日食成因的科学原理和观测方法，既有对一般规律的揭示，又有对个别事件的论断，这些都是科学技术知识。作为一种知识体系，科学技术知识具有客观性，必须符合客观事实，它是对客观世界的真实反映。任何不能正确反映客观世界的知识，或是和客观事实不符的理论、解释，都应排除在科技知识之外。不过，我们也应该认识到，科学技术知识的真理性并不是绝对的。也就是说，人们对事物的科学认识并不是一成不变的，而是不断发展、变化的。过去认为是正确的、科

[①] Max Charlesworth, *Science, Non-science and Pseudo-science*, Burwood, Victoria: Deakin University Press, 1986.

学的知识完全可能被新的事实所推翻、所否定，科学技术正是在不断否定自我和修正自我的过程中得到发展的。

（二）科学技术是一种活动过程

科学技术不仅是一种静态知识，更是一种活动过程，是社会总劳动的特殊部分，知识生产活动是一种创造性的智力活动过程。只有认识到"科学技术是一种活动过程"，才有可能全面把握科学技术的含义。其实马克思早就指出：一般劳动是一切科学工作，一切发现，一切发明。这种劳动部分的以今人的协作为条件，部分的又以对前人劳动的利用为条件。① 这实际上是马克思从劳动的角度首先指出了科学技术的动态活动形象。当代马克思主义科技理论工作者提出"科学是活动过程"，主要基于以下两方面理由：一方面，科学知识的获得离不开科学技术研发活动。任何科学技术知识都不是孤立于科学技术研发过程而存在的，相反，它是过程的产物。简单地说，这个过程就是获取科学技术知识的过程。它包括观察和发现、假设和检验、推理和形成结论、解释和预测、评价和评估等。任何科学技术知识的来源都不是来自权威论断，也不是主观臆断，而是事实的证据和合乎逻辑的推理，即科学探索的过程。另一方面，科学技术不仅表现为结论的科学性，更表现为科技活动过程的科学性。科学技术研发活动过程不仅体现了各种具体科学技术知识在获得途径上的共同性，还具有超越于具体科学技术知识之上的、经久不变的永恒性。从科学技术发展史的角度看，没有永恒不变的真理，没有永远正确的知识。但是，科学技术知识可能被推翻，而获得科学技术知识的过程却是永恒不变的。在某种意义上说，科学技术的客观性不仅在于其认识结果的客观，更在于它的过程的客观，即在可观察的客观事实基础上进行合乎逻辑的推理。

（三）科学技术是一种世界观

科学技术是一种智力思维活动，科技思想源于社会、宗教、哲学、政治和经济生产等方面的观念和经验，同时，科学技术思想又为人类的各种观念的演进提供了强大的支持。例如，自然观无疑最直接地受到科学技术发展的影响。真正有意义的还不是自然观的具体变化，而是科学技术成为自然观的唯一发言人，比如，当今时代，相对论、量子力学、现代宇宙学和系统科学等新的科技成果就顺理成章地改变着我们的自然观。

---

① 《马克思恩格斯全集》第25卷，人民出版社1974年版，第120页。

科学技术往往就是从经验主义和实证主义立场出发，认为世界是客观存在的、是可探知的，科学则是用客观的方法揭示这种客观存在。这就是任何具体的科学技术活动中所蕴藏的基本看法和态度。一个具备了科学世界观的人，无论在进行科学工作时，还是在对待具体的事物时，都能表现出科学的态度。因此，如果我们仅仅把科学技术理解成认识事物的过程和方法，还不能完全揭示科学技术的内涵。从广义上说，科学技术意味着认识世界的方式和看待世界的方式。尽管科学技术在一定程度上要排斥一些主观的价值判断，但是我们又不可否认，科学技术本身就是一种世界观。

（四）科学技术是一种建制

当代科学技术已经作为一种建制而存在，它成为现代社会不可或缺的一种社会职业。虽然从广义上讲，古代的占星术士和宫廷医师可以算得上是科学建制化的早期标志，但真正从社会分工的角度而言，科学技术作为一种建制还是近代以来的事情。这种建制化一方面是国家力量强有力统合的结果；另一方面则是由科技、经济、社会互动整合所致。科学技术的建制化不仅是从事科学工作的人为获得科学活动所需要的经费而进行的妥协，而且是一种使各种资源得以最优配置的组织创新。

社会公众对建制化的科学技术最直观的认识就是形成了作为社会分工产物的科学家群体。在现代社会中，从事科学技术活动的不再仅仅是少数科学家，而是数量庞大的有建制的科学研究人员、工程师等专业技术人员。因此，科学技术在其主体意义上，是已经被建制化了的事物。

（五）科学技术是一种方法

知识为体，方法为魂。创造知识的方法本身就是知识的真谛。科学技术工作者从事科学技术事业所采用的一整套思维和操作的规则就是方法论的东西，其中既有程序性安排，也有指导性的原则，它们是获取科技事业成功的一把金钥匙，也是人类认识客观世界的有效途径。

科学技术内蕴的方法有很多，总的来说都是理性主义和经验主义相结合的产物。然而这种理性与经验的结合却经历了很长的磨合期，历史上经验主义和理性主义曾各执一端，在哲学史上则表现为唯理论和唯经验论之争。后来，康德对二者加以调和，指出科学技术是用先天理性整理和后天经验所取得的可靠知识。当代马克思主义科技观研究者也继承和发展了这一观点，认为对于科学技术而言，理性传统和经验传统缺一不可，经验归纳必须与理性演绎相互结合、形成互补，尽管这不是科学技术进步的唯一方法模式，但这种方法却得到最普遍意义的采纳和应用。①

（六）科学技术是一种文化

随着科学技术的应用，新科技事物往往以文化式融入人们的日常生活之中，这就使得科学技术逐渐发展为一种相对独立的社会亚文化系统。科技文化在现代社会的拓展和渗透方式越来越复杂和多元。首先，科学技术可以通过对生产方式的变革，从器物层面传导到制度层面再影响到文化价值层面。比如，科学技术带来的机械化大生产导致工业革命，进而导致资本主义革命和民主政治文化的兴起，这一过程就是科技文化渗透现代社会的途径之一。其次，科学技术还可以通过在生活中的广泛应用导致新的科技文化不断涌现，比如科技应用与人们消费需求相互作用形成了汽车文化、通信文化和网络文化等文化新形态。再次，还可以通过科技教育、宣传和普及，使科技文化直接进入社会文化价值领域。爱因斯坦就曾经指出："科学技术对于人类事务的影响有两种方式。第一种方式是大家熟悉的：科学技术直接的或间接地生产出改变了人类生活生产方式的工具；第二种方式是教育性质的，它作用于心灵，尽管草率看来，这种方式好像不太明显，但至少同第一种方式一样锐利。"② 比如，哥白尼"日心说"的提出和传播，这不仅是一个科学事件，更是一个文化事件。其实，"日心说"的胜利不仅是哥白尼的胜利，也是反宗教文化心理的胜利，也是科技文化的一次大捷。

（七）科学技术是一种精神

科学精神是人类在长期科学技术活动中逐渐形成和不断发展的一种主观的精神状态。在认知层面，科学精神的核心内涵是理性精神，即相信自然界存在一种内在的法则，人们可以通过努力寻找这个反映自然法则的自然规律，换言之就是首先相信真理性的存在，坚持追求真理的态度。在社会建制层面，科学精神就是科学共同体理想化的社会关系的准则，也就是科学社会学家默顿所称的科学的精神气质。这种精神气质一方面可以约束科学共同体中科技工作者的行为；另一方面也是维持科技建制正常运转的必要规范，并已经部分内化于科学教育和社会生活之中。在文化价值层面，科学精神的展开成为解释世界和改造世界的双重武器。其具体内涵展

---

① 刘大椿：《自然辩证法概论》，中国人民大学出版社2004年版，第5页。
② 爱因斯坦：《科学与社会》，《爱因斯坦文集》第3卷，许良英等译，商务印书馆1979年版，第135页。

开为：实证精神、分析精神、开放精神、民主精神、批判精神等诸多方面，它们既体现了科学精神的实质，又顺应了社会现实的需要，因而科学精神也成为一种具有普遍性意义的时代精神。

（八）科学技术是一种维持和发展生产的最主要因素

马克思早在《资本论》这部划时代巨著和它的序曲《政治经济学批判》中，就阐明了生产力所包含的内容，提出了科学技术是生产力这一著名论断。他曾指出：劳动生产力，是随着科学和技术的不断进步而不断完善的。① 他还根据机器大工业生产中的自动化趋向，进一步预见了科学技术在未来社会生产力发展中的决定作用。他指出，随着科学技术的进一步发展及其在生产中的广泛应用，生产过程将日益自动化，那时的社会生产力和社会财富的创造，越来越取决于一般的科学水平和技术进步，或说取决于科学在生产上的应用②，科学因素将渗透到物质生产的所有环节，使物质生产成为科学生产，并为人类的需要服务"。③

当前时期，随着科学技术与现代生产力系统的紧密融合，科学技术研究的范围不仅局限于生产过程中的硬件设施，而且涉及生产过程中的软环境，科学技术不再只是体现为一些类似机器设备、能源供应等静态成果，而且还包括工艺程序、生产组织形式、生产管理方法等动态成果。它广泛而深入地渗透到生产力系统的各个层面，成为维持和发展社会生产的最主要因素，并最终决定着社会生产关系进而决定社会经济关系。其一，科学技术的发展成为经济增长的原动力。任何一次科技进步都对全球生产力的提升起到至关重要的作用。其二，科学技术带来了经济结构的深刻调整。当今科技进步不仅导致了生产力的发展和劳动生产率的提高，而且改变了整个经济生产的产品结构、劳动力结构及资源和资金的配置，从而导致经济结构中最主要的部分——产业结构的不断变革和日益高级化。其三，科学技术的发展加深了经济全球化和经济一体化的发展。今天，不论是东方还是西方，都坚信科学技术是首要的生产力，科技发展成为国力角逐和社会发展的一个主要方面。

（九）科学技术是一把双刃剑

19 世纪 70 年代以后，恩格斯进一步探索人与科学技术及自然的关

---

① 《马克思恩格斯全集》第 23 卷，人民出版社 1972 年版，第 664 页。
② 《马克思恩格斯全集》第 46 卷，人民出版社 1980 年版，第 217 页。
③ 同上书，第 212 页。

系，确立了辩证唯物主义自然观，提醒人们要正确处理以科学技术为中介的人和自然的关系。恩格斯通过分析人与科学技术及自然的关系，提出了人类不能陶醉于对自然的胜利的生态观点，这也是较早反思科学技术应用的思想萌芽。

随着科学技术的广泛应用，一方面，人们的生活质量不断提高，人类积极地影响历史进程的可能性和必要性在前所未有的扩大，极大地推动了人类社会物质文明和精神文明的发展；但另一方面，也造成了十分严重的环境污染、生态破坏和文化危机，将人类推向了不可持续生存与发展的危险边缘，现代科学技术给人类社会带来的不确定性与引发的社会问题也开始越来越受到人们的关注。特别是西方马克思主义研究者，基于对晚期资本主义的批判，深刻反思了科学技术负效应及其意识形态功能，正如哈贝马斯指出的："知识和技术在马克思看来是一种绝对解放的力量，可它们自身却成为了社会压迫的工具。"①马尔库塞也尖锐地指出："技术的合理性展示出它的政治特性，因为它变成更有效统治的得力工具，并创造出一个真正的极权主义领域。"②与西方马克思主义的悲观论不同，大部分马克思主义者仍然认为，科学技术成果终究能为人类文明和进步服务，但科学技术是一把双刃剑，需要人类理性的控制和规导。

二 科学技术发展及其风险困境

自文艺复兴和启蒙运动以来，欧洲一直是以高扬"理性"而自居，"知识就是力量"逐渐成为人们实践的内在尺度。17—18世纪，伴随现代科学技术的发展进步，人们的主体性力量得以逐渐彰显确证，于是出现了一种对科学技术无批判无反思的乐观主义，导致科技理性逐渐膨胀，认为科技不仅可以使人从自然束缚、愚昧无知和贫困中解脱出来，而且迷信科技进步必然带来人类的福祉，自由、民主和幸福的生活随着科技的理性之光的照耀而即将临世。19世纪末20世纪初，当资本主义进入垄断阶段，几次科技革命将科学技术推向了一个新的阶段，但是，由于资本主义世界的内部矛盾，科学技术的新成果并没有充分用于造福人类、造福社会，而是用于帝国主义之间争夺世界市场的瓜分殖民地的形成，仅20世纪上半叶资本主义世界就爆发了两次世界大战，许多先进的科学技术应用到战争

---

① ［德］哈贝马斯：《交往行为理论》第1卷，上海人民出版社2004年版，第142页。
② ［美］马尔库塞：《单向度的人》，刘继译，上海译文出版社1989年版，第9页。

中去，制造了一系列骇人听闻的事件。两次世界大战、法西斯主义、经济危机等使得人们对当下的生活方式提出了质疑。人类虽然获得了一个相对发达的物化的世界，却一定程度上迷失了自己的精神家园，丧失了传统的秩序，改变了原来的生存方式。于是，人的生活价值和意义问题又成为现代人思想探究和积极关注的问题。

（一）科学技术发展与人类自身的异化

早在19世纪，马克思就曾深刻地描绘过科学技术的异化现象。他说："在我们这个时代，每一种事物好像都包含有自己的反面……。技术的胜利似乎是以道德的败坏为代价换来的。随着人类日益控制自然，个人却似乎日益成为别人的奴隶或自身的卑劣行为的奴隶。甚至科学的纯洁光辉仿佛也只能在愚昧无知的黑暗背景上闪耀。我们的一切发现和进步，似乎结果是使物质力量具有理智生命，而人的生命则化为愚钝的物质力量。"①

科学技术具有使人从体力解放到脑力解放的功能，意味着人可以越来越多地从手段的地位上解放出来，由此伴随着人走向越来越高度的自由。与此同时，人类不仅用科学技术从体外武装了自己，而且还从其他方面改变人，包括从体内改变人，使其发生体内新进化。在得到体力和脑力上的不断解放时，又带来了我们难以容忍的"体力丧失"和"智力丧失"，即因过分依赖技术而造成的人的某些能力的退化和丧失。于是，工具取代人的地方越多，人对科学技术的依赖性也就越大，终于，人一旦离开了科学技术，就会变得无法生存，就会成为动物世界中最软弱的动物，正如卢梭关于野蛮人和文明人的对比，他说："后者因为使用种种工具而在体力、奔跑、攀登等方面的能力上远远不如前者，如果赤手空拳较量的话，后者肯定要被前者打败。"②

汤因比也表达过类似的思想："一般来说，当一种新的能力开始补充旧的能力时，旧的能力就有退化的倾向……例如，在已经能够读写的民族中，出现了记忆力减退的现象，而收音机和电视机一旦作为传递信息的手段被应用，读和写的民族中，出现了记忆力减退的现象。而收音机和电视机作为传递信息手段被应用，读和写的能力又有衰退的趋势……无论在物质方面还是在精神方面，所谓进步，都是建筑在我们无法忍受的损失之上

---

① 《马克思恩格斯选集》第2卷，人民出版社1995年版，第78—79页。
② 肖峰：《对科学技术的几点人文思考》，《科学技术与辩证法》1998年12期。

的。"不仅是读和写的能力，现代智能技术取代了人更多的智力活动，比如计算机对人的记忆和运算活动的取代，"当数据库中存有万倍于人脑的信息，而且又容易存取时，这时获取知识还有什么意义呢？当计算机更有效、更合适地运用知识时，为什么我们还去运用获取的知识呢？也许对于未来的后代来说，所有我们目前称作知识的东西都是枯燥乏味，毫无价值的"。①

（二）科学技术发展与人类生存的危机

科学技术发展的同时，新的危险与不幸也相伴出现。比如，今天，由于医疗技术的发达，医生检查胎儿性别的 B 超机的大规模使用，会不会使那些具有重男轻女思想的父母在胎儿尚未发育成熟时而扼杀其生命呢？再比如，随着信息科技的发展，互联网的广泛使用，人成了数字化的存在，会不会因此改变了人际交往方式，导致人与人之间感情的冷淡呢？还有，互联网的开放性和匿名性，强调言论自由，会不会容易暴露个人隐私、散布虚假信息、出现网上盗窃、诈骗呢？更为严重的还有，现代军事科技的发展，以核武器为代表的高、精、尖武器的大量出现，人类生存受到前所未有的威胁，这种威胁一旦为霸权主义与强权政治所掌握，极有可能变成现实。爱因斯坦有句名言"我不知道第三次世界大战人类将使用什么武器，但我知道第四次世界大战人类使用的武器，那时只有棍棒和石头"，这说明军事科学技术使用不当，定会毁灭全人类。还有，科学技术导致的工业化生产很少会考虑人与自然之间的关系，不惜破坏环境和资源储备，任意开采资源、倾倒废物，同时大量施用化肥、农药，最终导致环境、资源、生态、人口、粮食安全等诸多方面的全球性人类生存问题的出现。

（三）科学技术发展与传统秩序的丧失

首先，科技发展加深了社会的不平等。科技的发展与运用大大推动了世界各国工业化和城市化进程，也制造了大量劳动人民的"失业"、"下岗"。一边是采用现代科技成果使社会劳动生产力得到很大提高，社会对劳动力数量的需求比例逐渐下降；另一边是城市化进程加大对土地的需求，各国可耕地面积迅速下降，农村有越来越多的劳动力需要转向城市就业以维持生计。劳动力供过于求的现实使劳动者不得不以低价"出卖"自身劳动力。低收入阶层往往文化水平低，还要受到来自体制、政策、法规等方

---

① 汤因比、池田大作：《展望 21 世纪》，国际文化出版公司 1985 年版，第 23—24 页。

面的歧视。发达国家和地区发展越来越好，落后国家和地区迟迟难以发展。

其次，科技发展改变了传统社会道德秩序。随着科学技术的发展，道德说教成了谎言，真理成了单纯的表象，整个社会存在着从道德相对主义滑向道德虚无主义的危险，一切固定的东西都受到了动摇。科技活动作为一种社会道德试验，不仅使已有的伦理道德问题得到拓展，而且还引发了传统伦理与科技发展现实的诸多冲突。比如，现代医学可以培育试管婴儿，将来甚至或许还可以利用克隆技术进行人的无性繁殖。这样一来，新生儿就可以变成纯技术产物，而人只是在技术环境中将遗传物质按科学原则组合与制作的结果。虽然，这使不育夫妇得到渴望的后代或自己的复制品，消除孤独与寂寞，并且有可能使人的遗传基因按人的要求发生改变，"创造出"品质有所改变的"新人"。但这也在冲击社会的伦理道德，担心"人会不会变成纯技术的产物"。现实中，许多国家先后确立起市场经济，把它作为本国经济运行的主要机制。市场经济是在竞争和平等的基础上以追求利润为首要目的，它的发展为实现个人价值、个人发展和科技发展提供了很大机遇。不少人在利益驱使下，利用市场机制的缺陷和法规的漏洞，做出许多有损公众利益的行为。现实的许多现象足以说明，与传统农业社会相比，现代人与人之间的关系出现"紧张感"，现代社会道德秩序被重新安排。

三 科技伦理何以可能

随着科学技术的发展，科学技术风险及其引发的社会不确定性日益凸显，人们越来越渴望一个学科研究领域能解释和理解这一现象，并试图寻求运用一种成熟的学科体系和学科范式来给出满意的解决方案。

一部分人很自然地把这一任务从归于所谓"科技伦理"的研究范畴，认为科学技术的发展和应用过程应该内在地包含有伦理意蕴，从科学技术的内在价值到科技从业人员的职业责任，从科学技术的精神文化内涵到科学技术研究和应用规范，无不渗透着伦理学的学科气质，科技伦理的研究顺理成章而且十分必要。

而另有一部分人则反对这种说法，认为根本不存在什么"科技伦理"。否认科技伦理存在的一方认为，伦理学是研究道德的，是以道德现象作为研究对象的，只有人才具备道德可能，而作为人类活动实践的产物的科学技术是没有道德可言的，科学技术仅仅是工具、手段，本身无所谓善恶，只是由于社会伦理的原因导致其应用上的善恶，因此，科学技术与伦理无涉。比如，曾有论述指出："以往人们总爱谈论科学技术善的方面，最近又有人开始谈论科学技术恶的方面。殊不知科学技术仅仅是手段，无所谓善，也无所谓恶，它的善恶来自使用者的目的，是人们的价值观点把它引向善或恶，科学技术带来的种种社会问题必须到科学技术的背后去找原因"[①]；也有观点指出："科学家的研究目的是追求现实世界中存在着的客观真理，判断科学知识及理论的标准是真与假，而不是道德意义上的好与坏；工程技术人员的工程营建所依据的也是自然界本身的客观法则，判断技术发明与应用的标准是先进或落后，而不是道德意义上的善与恶。因此，科技领域本身是价值中立的，并非伦理道德的研究对象"[②]；还有观点指出："诚然，科学成果的技术应用有善恶之分，也就是说，它有被人恶用的可能性，但是，这不能归咎于自然技术（natural technology）更不能怪罪于自然科学，这只是由于社会技术（social technology）或社会工程（social engineering）不完善所致，未能有效地约束恶用自然技术的人。"[③] 应该说以上观点有其合理的成分，也颇有市场。但从历史与实践的认识论根源和从伦理学学科研究的范畴两个方面来讲，这种"科技与伦理无涉论"存在明显的偏颇，应予以澄清。

（一）科技与伦理结合：历史和实践的必然

从认识论根源看，"科技与伦理无涉论"者错误地把科学技术当作与实践无关的纯粹认识活动，其逻辑推理过程是这样的：实践是改造客观世界的活动，是真与善的统一；科学技术属于认识活动，与改造活动无关；因此，科学技术与价值无涉，与伦理无关。这种逻辑前提就是错误的，他们把科学技术研究看成是脱离实践的绝对的理性自由，将科学技术应用看成是绝对处于人类理性控制范围内的随心操作。这种对科技的超验主义误解势必把科技研究活动等同于无所不能的"绝对精神"，这种对科学技术应用控制的无比自信势必把科学技术等同于人类任意把玩的"物化机械"，因此，科学技术工具论的观点也就不足为奇了。但其中的谬误也十分明显，毫无疑问，科学技术研发和应用也是一种人类的实践活动，既是认识客观世界也是改造客观世界的复杂过程，科学技术活动过程天然地蕴

[①] 齐振海：《未竟的浪潮——现代科学技术革命与社会发展》，北京师范大学出版社1996年版，第258页。

[②] 甘绍平：《科技伦理：一个有争议的课题》，《哲学动态》2000年第10期。

[③] 李醒民：《科学的精神与价值》，河北教育出版社2001年版，第18页。

含了真与善的统一。

同时，现代科学技术伦理精神的生成又与科学技术发展的历史演进密切相关。正像李醒民先生所说，科学是人的（人为的和为人的）科学、历史中的科学，而不是超人的超历史的。虽然科学技术从一开始就天然地蕴含了真与善，但就其二者的程度而言，求真在科学技术认识活动中显然处于首要地位，求善往往在其次或在其后得以呈现。但随着科学技术的发展，由于科学活动的组织化、社会化程度越来越高，科学技术的一体化趋势越来越明显，科学技术对人—社会—自然系统影响的深度与广度越来越扩大，在科学技术认识和应用过程中求善的要求日益被得到重视，科学技术与伦理的互动也日益频繁而紧密，人们对科学技术的价值评价和对科技活动主体的伦理要求自然也发生了重大变化。

（二）科技伦理的生成：伦理学的必然接纳

一般来说，伦理学是关于道德的科学，或者说，伦理学是以道德作为自己研究对象的科学。但从伦理的概念而言，古今中外的理解不尽相同。从中国的词源含义来看，"伦"本意是辈、类的意思，"理"则是条理、道理的意思，伦理最早界定为探讨人与人的关系和行为规范。宋明以后，伦理不仅指人与人之间的关系准则，而且还有道德理论的含义。在西方，从词源上看，"伦理"一词是从古希腊文"ethos"而来，其本意是一群人共居的地方，后来其意义扩大为一群人的性格、气质、风俗习惯等，因此可以看出，西方伦理概念应该是从风俗、风尚、性格、思想方式等演绎而来，也是主要指人与人之间的关系及其规范。总之，在传统意义上，"伦理"主要指人与人、人与社会、人与自身的关系，人与自然的关系则未涉及。而当代由于科学技术的迅猛发展，人的问题、环境问题日益凸显，不仅影响人与自然关系的协调，而且影响和制约着社会的发展。这样，人与自然的关系以及以自然为主要研究对象的科学及其与自然的关系也成为现代伦理学研究的对象，人与自然的关系也成为一种重要的伦理关系。从伦理学研究范围和内容来看，历史上的伦理学家们也存在着不同的理解。有的人认为伦理学是研究"善"或"至善"的科学；有的人认为伦理学是研究"义务"、"责任"的科学；有的人认为伦理学是研究价值的科学；有的人认为伦理学是研究道德行为或道德品质的科学；有的人认为伦理学的研究对象就应该集中于道德规范；还有的人认为伦理学是理论学科，是一门道德哲学，应该构建一定的范畴体系。凡此种种观点，不一而足。由此伦理学学科的开放性、包容性可见一斑,从另一个角度来看,伦理学研究既包括道德现象、道德规范,也包括义务责任、价值判断等研究对象和内容。

因而,伦理范畴也有广义与狭义之分。狭义的伦理是指传统的伦理范畴,主要关涉道德本身,研究的主要是人与人、人与社会、人与自身的伦理关系;广义的伦理范畴,不仅关涉人与人、人与社会、人与自身的伦理道德关系,而且也关涉人与自然的伦理关系,还研究义务、责任、价值、正义等一系列范畴。尽管狭义的传统的科学技术范畴与传统的伦理学学科范畴似乎无涉,但是现代科学技术范畴与现代(广义的)伦理学范畴不仅在研究领域有交叉(人与自然的关系),而且研究内容方面也相互关涉。因为当代科学技术已经对人们政治、经济、文化、社会制度、思想观念、思维方式、风俗传统乃至人类的日常生活等诸多方面产生了巨大影响,其中既有美好的一面又有需要深刻反思的一面。随着现代科学技术体系的建立和发展,科学技术本身及其研究和应用过程中引发的道德、义务、责任、价值等问题越来越被伦理学积极关注,科技伦理作为当代伦理学研究的重要课题之一被其积极接纳,成为整个伦理学体系大河之中重要而充满活力的一个支流。

尽管围绕科学技术与伦理关系的争论还没有停止,对"科技伦理"这一学科称谓的界定和理解还不尽相同,但有一个不争的事实就是,随着科学技术的发展,科技带来和引发的伦理问题层出不穷,科技伦理问题日益引起人们的关注,科技伦理成为当代科学技术和社会发展无法回避的话题。正如2000年8月江泽民同志在北戴河会见六位国际著名科学家时曾一针见血地指出:在21世纪,科技伦理的问题将越来越突出。核心问题是,科学技术进步应服务于全人类,服务于世界和平、发展与进步的崇高事业,而不能危害人类自身。[①]

我们将科技伦理作为一门科学去研究、去实践,对人们理性地理解和应用科学技术、尽可能消除其非理性和情感随意性,积极引导和规范科学技术的研究开发和实际应用具有极为重要的意义。

四 当代科技伦理的研究论域及其界定

当代科技伦理的研究论域相当广泛,由于对其概念界定不一,分类别

---

① 引自《江泽民在北戴河会见诺贝尔奖获得者》,《人民日报》2000年8月6日。

归纳梳理角度各有不同，因此，全面总结整理起来有一定难度，也很难有定论。

比如，著名学者刘大椿、段伟文曾撰文指出："科技伦理所涉及的层面可以拓展为科技共同体内的伦理问题、科技社会中的人际伦理问题、科技时代文化伦理问题和科技背景下人与自然的伦理关系四个层面。"① 学者杨怀中则认为："科技伦理作为一门交叉学科，要研究科学技术与伦理道德的关系；作为一种职业伦理学，要研究科技道德现象；作为一种应用伦理学，要研究具体科技领域的道德问题。"② 胡延风则提出了现代科技伦理研究的三个层次，分别是：第一层次为科学技术人员的职业伦理；第二层次是现代科技关系社会公共利益，是一种社会公共伦理；第三层次是由于科技发展的不平衡影响世界发展而形成的一种全球伦理。③ 韩跃红认为，科技伦理的学科实质是科技的人本道德，学术道德和人本道德构成科技伦理的两大主要研究内容。④ 张小飞则进行了哲学层面的归纳，他以人的完善为价值尺度来衡量科技伦理问题，认为科技伦理的讨论内容有四种表现形式，分别是：科技发展与人的生命价值实现的矛盾；科技发展与人类自由的矛盾；科技发展与人类平等的矛盾；科技发展与社会公正的矛盾。他还明确指出科技伦理问题的特点就是广泛性、差异性、复合性和破坏性。⑤ 还有学者认为科学技术伦理学应该是十分具体的分支学科，因为每一项科学技术都是非常具体的，为了达到一定目标而进行伦理规范和控制必须具体化，笼统抽象的伦理观念对于规范具体的科学技术活动远远不够。因此，每一个分支学科都应该有其特殊的内容，比如科技伦理要表现为医学伦理、生命伦理、网络伦理、环境伦理、基因伦理等。⑥ 学者卢风认为："科技伦理是研究科技行业之道德维度的学科，科技伦理研究的问题涉及两大类，一是科技共同体的道德规范和科技从业者的职业道德问

---

① 刘大椿、段伟文：《科技时代伦理问题的新向度》，《新视野》2000 年第 1 期。
② 杨怀中：《科技伦理究竟研究什么》，《江汉论坛》2004 年第 2 期。
③ 胡延风：《现代科技伦理研究的新视野》，《理论视野》2004 年第 4 期。
④ 韩跃红：《科技伦理——从学术道德到人本道德》，《科学技术与辩证法》2005 年第 1 期。
⑤ 张小飞：《现代科技伦理问题表现及特征的哲学探究》，《天府新论》2004 年第 6 期。
⑥ 沈骊天、陈红：《科技伦理也是一门科学》，《武汉科技大学学报》（社会科学版）2005 年第 1 期。

题，二是科技与道德、科技与价值的关系问题。"① 学者程现昆认为科技伦理可以从两个角度来划分，一个是以人的角度来观照，包含科技活动层面、人的发展层面、社会发展层面三个层面的科技伦理；另一个是从不同诉求向度展开的角度来看，现代科技伦理表现为个人伦理延至集体伦理、信念伦理延至责任伦理、自律伦理延至结构伦理、近距伦理延至远距伦理四个方面。②

  本书则是试图从最广泛的意义上理解科技伦理，认为凡是科学技术本身或者科学研究和应用过程中引发的所有关涉道德、义务、责任、价值等方面的问题均应属于科技伦理范畴。在此基础上，为了分类别梳理的方便，为了尽可能涵盖当前科技伦理研究的方方面面，笔者试图建立一套并列关系的论域分类体系，试图用科学技术本身为参照系，衡量科学技术与各种伦理问题涉及领域的关系为逻辑，尝试对科技伦理的不同研究领域进行划分，共划分为本体域、主体域、客体域、学科域、工程域和管理域六个部分。当然这种划分标准的科学性、有效性还有待商榷，但这总归不失是一种新的较为合理的观察方式和分析框架。希望这种观察能够准确梳理、表达、分析和评价当代科技伦理的相关问题，并能给人以有益的启示。

---

① 卢风：《科技、自由与自然——科技伦理与环境伦理前沿问题研究》，中国环境科学出版社2011年版，第7页。
② 程现昆：《科技伦理研究论纲》，北京师范大学出版社2011年版，第64、72页。

第一章　本体域：科学技术价值问题和伦理指向

本书第一章列出的"本体域"之"本体"概念取其词条最原初的含义，即意指事物本身。这与哲学上约定俗成的抽象"本体"概念有所区别，哲学上的"本体"一般是指人类通过哲学思想认识活动从混沌自然中发现、界定、彰显和产生出来的，以人类思想理性或人类生存发展意识作为统帅，以判断和推理作为形式、以语言作为媒介的人类思想认识活动，是具有名称、时间、空间、价值等特殊规定，具有发现、界定、彰显、区分、抽象和产生各种事物的能力，具有事情或形而上者的容貌，有别于天地万物的具体事物。① 而这里"本体"是相对科学技术的关系而言的，就是指抽象概括的科学技术自身。从以科学技术自身为坐标原点的参照系来看，科学技术的价值问题、科学技术内在的道德维度和科学技术内在的伦理指向等问题应该属于科技伦理本体域里探讨的重要问题和主要内容，该部分内容也可以视为整个科技伦理体系的逻辑起点，或者也可视为科技伦理的元问题，它涉及形而上学、存在论、认识论等抽象的哲学思想。

第一节　科学技术与价值的关系问题

科学技术的价值问题或者说科学技术与价值的关系问题是一个国内外学术界长期密切关注、争论不休、常说常新的话题，其实，这也应是科技伦理所涉的元问题。科学技术与价值之间究竟是怎样的关系？科学技术到底有没有价值负荷？科学技术是价值中立的吗？科学技术事实与价值截然二

---

①　百度百科"本体"词条释义。

分吗？科技哲学领域的每一次重大的理论争鸣无一例外地牵涉这个问题，诸如此类的问题因此也成为科学技术伦理学术交流和反思中最有活力的讨论焦点之一。

一 价值与科学技术的价值

科学技术与价值的关系问题之所以被学术界各执一词、争论不休，一方面可能是由于问题本身的繁杂造成的；另一方面可能在于人们对该问题所涉及的核心概念"价值"的理解不清造成的。正如瓦托夫斯基指出的："对价值及其相关概念如价值标准、价值评价的研究是非常复杂的事情，它构成哲学学科中最困难、最严谨的领域之一，即价值理论。这样的价值理论本不是科学哲学的一个组成部分，可是这些根本性问题却以决定性的方式影响着科学哲学。"① 因此，非常有必要在探讨科学技术的价值问题之前，首先厘清界定价值及与价值相关相近的一些概念。

汉语中"价值"一词与英文 value 相对应，它来源于拉丁文 valere，其词源词根意义就比较模糊，包含多层意思，既有"保护、掩盖、加固"之意，也有由此派生出的"尊敬、敬仰、喜爱、珍视"之意，还有"英勇的、好的、理想的、规范的"之意。由此开始，古代西方哲人对这一词汇做出了不同的理解，比如，柏拉图认为，价值是理性的本质，是理念；亚里士多德认为，价值在于人的喜好，至善是一切事物的最高价值；伊壁鸠鲁认为，快乐就是价值；斯多亚学派则认为，德行才是价值；等等。中世纪以后，国内外近现代哲学家们关于价值的认识可谓学说纷呈，至今尚未形成统一的看法。其中，有德国哲学家李凯尔特的"价值意义说"，他认为，价值是文化对象所固有的，作为一个概念，可以分为逻辑的、理智的价值和非逻辑的、历史的价值两个类别；有美国哲学家培里的"价值兴趣说"，培里认为，价值是由兴趣产生的，只要我们对某物有兴趣，它便有价值，无论什么兴趣都可以赋予任何对象价值；还有美国哲学家詹姆士的"价值实用说"，詹姆士的真理观本质上就是一种价值观真理的标准，就是有用与否的价值标准。另外，还有价值的"本性说"、"关系说"、"属性说"、"态度说"等有代表性的观点，不一而足。由此可见，"价值"的确是一个常用却有歧义、繁杂而又深奥的概念，用统一的界定

---

① [美]瓦托夫斯基：《科学思想的概念基础》，范岱年等译，求实出版社1989年版，第536—537页。

很难令各方满意。但可以从以上种种价值界定之中得到启示，最终得到尽可能合理准确的概念界定。

总体看来，马克思主义哲学对价值的理解较为准确全面，马克思主义哲学认为价值"是从人们对满足他们需要的外界物的关系中产生的"①，"实际上是表示物为人而存在"。② 马克思主义学说认为，价值是现实的主体的人同满足某种需要的客体的属性之间的一种特定关系，即表示客体的属性和功能与主体需要之间的效应关系的哲学范畴。③ 著名学者张华夏的狭义价值定义就是在这个意义上来理解的，他首先依据评价主体的范围的不同，把价值分为广义和狭义两种。他认为以整个生态系统为评价主体的是广义价值，而以人类为评价主体的则是狭义价值。他认为价值是人类主体与被评价对象之间的关系，即一个对象客体因为能满足人类主体的某种需要，达到人们的某种期望，合乎人们的某种想望，因而成为具有价值的东西，而主体因其对某物或某种观念、某种行为的偏爱、兴趣而有了价值观念、价值标准、价值尺度。④ 从这种理解出发，可以看出，价值是标志着人与外界事物关系的一个范畴，任何一种事物的价值至少应包含两个方面：一方面是事物的存在对人的作用或意义（价值本身）；另一方面是人对事物有用性的评价（价值评价）。人们关心价值问题，也就是关心自己的利益、命运和生活的意义。

按照这样的思路，具体到科学技术的价值问题，至少应该包含两种理解：一种就是科学技术的存在对于人的作用和意义，是科学技术的价值本身。这里主要是指科学技术与社会相互作用过程中发挥的重要功用，这种功用往往是外显的，可以称为科学技术的外在价值、外显价值或工具价值；另一种就是人们对科学技术有用性的评价，是一种价值评价。这种评价的来源是多元的，有可能来源于其外显价值，也有可能来源于科学技术本身内蕴的东西，而且这种评价更多指向是否为"善"与为"美"的评价，更多的是科学技术内隐的一种指向人类的价值取向，可以称为科学技

---

① 《马克思恩格斯全集》第 19 卷（1），人民出版社 1972 年版，第 406 页。
② 同上书，第 326 页。
③ 张澍军主编：《马克思主义哲学若干重大问题讲解》，高等教育出版社 2006 年版，第 151 页。
④ 张华夏：《现代科学与伦理世界——道德哲学的探讨与反思》，中国人民大学出版社 2010 年版，第 26 页。

术的内在价值、内部价值或内隐价值。这种内隐的价值也是一种潜在的外显价值，在一定条件下，科学技术进入现实应用过程其内隐价值有可能转化为外显价值。学界关于科学技术价值负荷的争论，其实主要关注的就是内在（内隐）价值问题。

二 科学技术的外在（外显）价值表征

人们认识科学技术更多的是从科学技术的外在价值角度去感受认知的，人们往往很容易觉察到科学技术作为一种工具来改造人类生产生活的一种价值存在。人们对科学技术外在价值进行梳理分类的标准也是多元的。有的从社会子系统构成角度来分，分为科学技术的经济价值、文化价值和政治价值；有的从应用效果角度来分，分成科学技术的正价值、负价值两个方面；还有的从社会文明类型来考量，划分为科学技术的物质文明、精神文明、政治文明、生态文明价值；还有的零散非逻辑地提出了科学技术的真理价值、认识价值、制度价值；等等。

著名科学社会学家贝尔纳在《科学的社会功能》一书中曾经高度概括和评价科学技术的外在价值，他说："科学既是我们时代的物质和经济生活的不可分割的一部分，又是指引和推动这种生活前进的思想的不可分割的一部分。科学为我们提供了满足我们的物质需要的手段。它也向我们提供了种种思想，使我们能够在社会领域里理解、协调并且满足我们的需要。"① 按照贝尔纳的理解，科学技术的这种外显价值可以简单地分为两大类型，一种是提供物质文明的价值，另一种是推动精神文明的价值。

（一）科学技术的物质文明价值

科学技术的外在（外显）价值最明显、最直接地体现在科学技术对人类社会物质生产和物质生活的影响上。17世纪的弗兰西斯·培根就曾十分明确地把科学技术定位于实用价值上。他提出"知识就是力量"，主张只有把知识成功地运用于实际，才是正确性的最终象征。他认为知识应当在实践中产生效果，科学应当能应用在工业上，人们应该自行组织起来以改善和改造生活条件，并且应该把这件事视为一种神圣的义务。为了形象地说明这一思想，培根还撰写了一部著作——《新大西岛》。在这个"岛"上，他描述了一个科学技术高度发达从而促进生产发展、经济增

---

① ［英］J. D. 贝尔纳：《科学的社会功能》，陈体芳译，广西师范大学出版社2003年版，第475页。

长、生活富裕的理想社会，在这里具有科学技术知识的人也是掌握权力的人。培根的思想反映了近代西方资本主义兴起时期对科学技术的需要，同时它作为一种时代精神也影响了近现代西方科学技术的发展，影响了人们对科学技术及其价值的认知。

继培根之后，法国重农学派经济学家魁奈以农业科技为例，强调科学技术推动农业生产力的重要性。其后，经典经济学家亚当·斯密和大卫·李嘉图都对科学技术与经济增长的关系进行了深刻论述。尽管亚当·斯密认为要素投入量在经济增长中起着重要作用，他重视劳动的作用，也不否认资本和土地的作用，但更为可贵的是，斯密认识到，即使要素投入量不变，通过科学技术进步引起的资源的合理配置也会提高生产率，增加产出。李嘉图作为斯密的继承者，他的认识更为深刻。他认为，经济增长"主要取决于土壤的实际肥力，资本积累和人口状况以及农业上运用的技术、智巧和工具。"[①] 他还具体分析了经济增长方程式，提出技术进步可能使劳动生产率和利润率在相当长的时期内不断提高。法国哲学家、社会改革家圣西门进一步阐述了科学技术的外在价值，他认为科学技术不仅促进生产力的变革，更重要的是科学技术还会引发生产关系的变革，他非常重视技术阶层的社会作用，提出未来社会应当由学者和企业家进行技术统治。这些思想对马克思和恩格斯关于科学技术的认识也有很强的启示作用。

真正较早系统地认识论述科学技术的物质生产价值的理论家应该是马克思和恩格斯。由于社会大生产的发展、科学技术的进步和唯物史观的确立，马克思和恩格斯明确提出了科学技术是生产力的观点，他说："同价值转化为资本的情形一样，在资本的进一步发展中，我们看到：一方面，资本是以生产力的一定的现有的历史发展为前提的，——在这些生产力中也包括科学。"[②] 马克思还说："自然界没有制造出任何机器，没有制造出机车、铁路、电报、走锭精纺机等等。它们是人类劳动的产物，是变成了人类意志驾驭自然的器官或人类在自然界活动的器官的自然物质。它们是人类的手创造出来的人类头脑的器官，是物化的知识力量。"[③] 马克思在

---

① [英] 大卫·李嘉图：《政治经济学及赋税原理》，郭大力，王亚南译，商务印书馆1962年版，第3页。
② 《马克思恩格斯全集》第46卷（下），人民出版社1980年版，第211页。
③ 同上书，第219页。

论述科学技术是生产力时，区分了直接生产力和一般生产力。直接生产力是一般生产力的物化。当科学技术知识尚未进入生产过程，它是以知识形态存在的一般生产力；而当科学技术一旦转化为劳动者的劳动技能和物化为具体的劳动工具时，它便成为直接生产力。无论是直接生产力还是一般生产力，都离不开科学技术，不是以科学技术知识形态存在，便是科学技术形态的物化存在。

近现代社会发展实践证明，科学技术已经不仅仅是渗透、扩散到生产力要素中发挥作用的问题，而是已进入到先有科学，然后才有技术，才有生产发展的新阶段，科技因素在经济增长总额中所占比重已越来越大，人们也已越来越深刻地认识到科学技术是第一生产力。科学技术通过创造和使用的生产工具作用于客体达到认识自然及其规律的目的，充分显示科学技术在人类创造物质文明中的能动作用。为了满足人类需要，实现人的目的，人们就必须要向自然界去探索，使自在之物转化为自为之物，由此引起人类物质文明的进步。科学技术的价值之一就在于不断满足人类的这种需要，不断地实现人类的目的。

（二）科学技术的精神文明价值

科学技术外在（外显）价值的另一个明显、直接体现，在于科学技术对人类精神生活的影响。首先，科学技术作为一种知识体系本身就是人类思维活动的结果，产生知识的过程也就是人类精神活动的过程。科学技术的每一次进步必然改变人类对自然及其规律的理解和认知；其次，科学技术应用于改造世界的社会实践活动，改变社会物质生活的生产方式的同时，也必然对人类的精神世界产生深刻影响，必然要制约整个社会的精神生活的过程，进而还可能影响人类政治生活、社会生活的全过程。

作为一定历史阶段的人类思维活动的产物，科学技术的发展对每个时代思维方式的变革和主流自然观起着极为重要的作用。从世界科技发展史和人类自然观的演变史可以清晰地看到：原始人类在简单劳动中积累的模糊的关于自然界知识形成了原始神话与原始宗教的自然观；古代的人们凭借感性直观和简单的逻辑推理，从整体上对自然现象作出轮廓式的描绘，形成了古代朴素的自然观；15世纪末16世纪初，以哥白尼革命为标志的近代自然科学诞生，古代朴素思辨的思维方式逐步为近代形而上学思维方式所代替，机械自然观成为主流；从18世纪末到19世纪中叶，随着科学技术的发展，特别是物理学上两次重大理论发现（能量守恒转化定律和电磁场理论的建立）和生物学上两次重大理论综合（细胞学说和生物进化论），揭示了自然界物质运动的多样性和关联性，最终形成辩证唯物主义思维方式和辩证唯物主义自然观；20世纪初相对论、量子论的出现，否定了绝对性和确定性的旧思维方式，确立了相对性和不确定性新型思维方式，分子生物学和系统科学的创立，否定了决定论和必然性，确立了非决定性和偶然性，促成人类系统思维方式和系统自然观的诞生。自然观作为人类世界观的组成部分，它是人的精神世界中最重要的基础性精神形态，必然影响着人生观、价值观、发展观等一系列的观念形式。

另外，作为改造对象世界的有力武器，科学技术在此过程中遵循特有的规律发挥作用，形成了自身独特的精神气质，这些精神气质内涵毫无疑问地属于科学技术内隐的价值范畴，但当其外化为人们日常行为时，则表现出其外在的精神文明价值。比如，科学技术本质上是革命的，它的每一项重大的发现或发明，都充满怀疑和批判，科学中不畏"金钱"和"权势"；科学技术本质上是理性的、经验逻辑实证的，科学认识以理论和实践的一致性作为检验科学理论的标准，实事求是是其基本精神。类似这些由科学技术性质所决定并贯穿于科学技术活动之中的基本的精神状态和思维方式形成了所谓的科学精神。作为人类文明的一种精神类型，它必然对人们的思想感情发生强烈的影响，进而外化于大众的日常行为，此时，科学技术的精神文明价值凸显，进而还可能引发由其带来的政治文明、制度文明、生态文明等一系列的外显次生价值。

三 科学技术的内在（内隐）价值争论

通常来讲，人们对科学技术的外在（外显）价值或工具价值都不否认，都承认科学技术对人类社会的有用性和人类社会对科学技术需要性的客观存在。但是，人们对科学技术内在（内隐）价值的认识则颇有争议，关于科学技术是否内蕴价值、如何内蕴价值的问题众说纷纭，形成了多种立场观点。

（一）科学技术价值中立论

科学技术价值中立论也称科学技术与价值无关论，它强调科学技术不受价值约束或者无价值约束，在现实中也常常被人描述为科学技术工具论。这种观点包含两层中立的含义：一是科学技术是供人类达到某种目的的手段或工具，科技是外在于人的工具，不具有主体选择性，因此科技本身是无所谓善恶的，它是中立于善恶之间的；二是科学技术可以在各种宗教与哲学、阶级与国家、集团和派别之间被发展和利用，因此表明科学技术可以在不同的意识形态的对立中保持中立。

科技价值中立论从思想史角度看，不论在东方还是西方都有着科技与价值相分离的历史思想渊源。早在西方古希腊时代，一批哲人包括泰勒斯、柏拉图、亚里士多德等诸多知名学者都以追求知识作为最高的追求和历史使命，他们强调在追求"真"的知识过程中不应有任何外在目的，应该放弃所有的个人财富与权力的得失，这里其实就已经蕴含了求真至上的命题，已经隐喻了科技与价值分离的滥觞。在古老的东方中国，中国本土的儒、道两家都把"求善"或"求道"作为最高使命，其他学问都是旁门左道、奇技淫巧，虽然东方学者们的最高追求与西方截然不同，但是他们从一个极端走向了另一个极端，价值至上的思想同样隐喻了与科技的分离。

进入中世纪，此时的科学技术沦落为神学的婢女，科学成为证明上帝存在和维护宗教统治利益的工具，与价值的分离非但没有有效弥合，而且走得越来越远。近代以后，借助文艺复兴和启蒙运动的大潮，自由和理性得到更加充分的张扬，特别是以近代实验科学方法与逻辑论证为知识划界标准思想的兴起，进一步巩固了科学知识的纯洁性与独立性，将科学知识与艺术、伦理（价值）知识等非科学知识更加明显地区分开来。最早做出这种区分的人是英国哲学家休谟，他指出在知识体系中存在两种不同判断，即"是"或"不是"的事实判断和"应该"或"不应该"的价值判断。这两种判断是分离的、无逻辑联系的，也是不可随意过度通约的。他曾明确指出："事实的错误本身不是罪恶，而是非的错误可以成为不道德的一种。"① 受休谟这一思想观点的巨大影响，德国哲学家康德进一步提出所谓的"事实与价值二分"，他指出自然哲学所探讨的全是"是什么"的问题，而道德哲学所探讨的是"应该怎样"的问题。② 康德把人类的理性法则划分为自然法则和道德法则，把科学认识问题的实现归为"纯粹理性"，把艺术、道德和宗教问题的实现归结为"实践理性"。他毕生都在渴望认识"头上的星空"和"心中的道德律"。这种区分看似成功地将两个领域做了定位，但实际上这种区分使得事实与价值的鸿沟更加扩大，

---

① ［英］休谟：《人性论》，关文运译，商务印书馆1980年版，第50页。
② ［德］康德：《纯粹理性批判》，蓝公武译，生活·读书·新知三联书店1957年版，第570页。

就像仰望星空的康德和沉思道德律的康德，完全被割裂为两个人一样。

沿着康德的进路，新康德主义者将康德有关"现象"与"本体"的二元对立进一步应用在自然科学与社会科学区分之中，他们反对将自然科学与社会科学等量齐观的唯科学主义的做法，认为自然科学研究的是"存在"的问题，社会科学研究的是"应该存在"的问题。"存在"是可感觉感知的，目的是把握自然界中恒常的、普遍存在的规律；而"应该存在"是不可感觉感知的，它不断变动，无规律可言，属于价值世界。其中以价值哲学研究而知名的是德国新康德主义学者李凯尔特，在其《文化科学与自然科学》一书中就曾宣称："通过与价值的这种联系，我们能够有把握地把两类对象区别开，而且我们只有通过这种方法才能做到这一点。"① 这里所讲的"两类对象"的区分就是指把"事实世界"和"价值世界"明确割裂开来，强调自然科学只关心事实、经验和逻辑，而不关涉情感、态度和价值，而文化科学（或社会科学）则恰恰与其不同。

明确提出价值中立的"纯科学"理想并为此辩护的著名学者是德国社会学家马克斯·韦伯，他在《社会学和经济学中"价值中立"的意义》一文中，比较集中而系统地论述了他关于"科学价值中立"的思想。他提出了"价值中立性"概念，并把它看作是科学家在其职业活动中应该遵循的科学的规范原则，科学研究者一旦选定课题开始研究，就应该只做事实判断而不做价值判断，要"为科学而科学"。他强调关于客观世界的经验知识的科学必须拒绝承担价值判断的任务，从而保持科学认识的客观性和中立性。正如他曾指出："一名科学工作者，在他表明自己的价值判断之时，也就是对事实充分理解的终结之时。"②

在韦伯确立"价值中立"原则之后，20 世纪二三十年代，以石里克等人为代表的逻辑实证主义者进一步推进这一思想，他们通过对事实与价值、科学与非科学的深入辨析，不承认价值判断属于知识范畴，不承认包含价值因素的理论是科学。他们认为，科学是关乎事实的，价值是关乎目的的；科学是客观的，价值是主观的；科学是追求真理的，价值是追求功利；科学是理性的，价值是非理性的；科学是可以进行逻辑分析的，价值是不能逻辑分析的。由此，科学与价值成为没有任何联系的、完全对立

---

① ［德］李凯尔特：《文化科学与自然科学》，涂纪亮译，商务印书馆 1986 年版，第 21 页。
② ［德］马克斯·韦伯：《学术与政治》，冯克利译，生活·读书·新知三联书店 1998 年版，第 38 页。

的两极，价值问题完全在科学知识之外。

科学技术价值中立论一度在科技思想史上占有重要地位，直至今天仍然有不少追随者和辩护者。诚然，这一学说强调了科学技术认识中的客观性原则，对于科技工作者在研究过程中从科学技术自身的逻辑来研究科技本身来讲，是有积极合理意义的，它可以排除价值判断的非确定性干扰，从而专注于事实判断获取确定性知识。但遗憾的是，科学技术归根结底是在人们的实践活动之中创造出来，并应用于解决实际问题的，科学技术与人和社会是不可能分离割裂开来的，因此科学技术与价值的绝对无涉在现实中很难实现。

（二）科学技术价值负荷论

伴随科学技术的发展和对科技现象的深刻反思，很多学者开始批判质疑"科学技术价值中立论"观点，并明确提出科学技术价值负荷论。他们强调科学技术的全过程渗透着价值因素，负载着价值判断，坚持认为科学技术不是一种纯粹事实判断的个性工具，而是出现于特殊的社会背景之中的复杂事业，是事实判断与价值判断的统一。人们必须对科学技术的后果从"得"与"失"的角度进行比较和衡量，因此，人们也必须了解科学技术与制度、文化等不同价值环境之间的相互作用。这种观点至少包含两层意思：其一，科学技术知识体系本身就渗透着价值和价值判断的因素；其二，科学家或科学技术共同体在科学技术研究活动过程中是不可能脱离价值判断的。

事实上，科学技术价值负荷论也有着深刻的思想渊源。不论是西方古希腊时期的追求"真、善、美"，还是中国古代追求的"仁义道德"；不论是中世纪基督教神学追求的"全智、全能、全善的上帝"，还是文艺复兴与近代科学革命以后追求的"人性理性、人类社会的进步"，毫无疑问，这些都是蕴含在不同时期不同地域的主流人类价值观。从现实和逻辑上讲，任何个人、集体和某项社会事业也不可能绝对脱离当时的历史条件制约下的价值判断而存在和发展。

古希腊时期，很多著名哲学家就认为价值是内在于自然、宇宙规律和知识之中的，苏格拉底"知识即美德"的名言就为科学内蕴价值作了很好的注脚。柏拉图也曾经认为知识和人类价值是不可分离的，通过得到真理形式的知识，人们不仅可以理解自然界，而且可以理解善和美的意义。他认为正是出于这个原因，人们才追求真知。虽然这里"求真至上"追求纯粹的知识、捍卫纯粹的科学的理念强调了知识的客观性和纯粹性，如前所述它隐喻了科技与价值的分离，但不可否认的是"求真"本身就是一种价值观，正如"价值中立"本身就是一种价值观一样，"价值中立原则"本身就是一个悖论。

　　西方近代科学兴起以后，特别是伴随着工业革命带来的工业化和现代化浪潮的推进，科学技术应用带来的全球性生态、环境、安全等问题日益凸显，越来越多的哲学家、社会学家、科学家都开始对科学技术价值中立观念进行深刻反思。在科学技术与社会结合日益紧密的时代，价值中立论的主张似乎显得空洞无力。另外，科学领域中相对论与量子论两大科学革命理论的诞生彻底摧毁了科学与价值分离的基础和依据，消解了客观知识与主观追求的明确划分，模糊了主客体分界，从而事实与价值二分的情形从各个方面被击破，科学技术与价值无涉的时代结束了，科学技术负荷价值的观念取而代之并日趋流行。正如美国科学哲学家普特南认为的："每一个事实都有价值负载，而我们的每一个价值也都负载事实[①]。"

　　近代科学诞生以来的大部分时间，科学研究都是以"小科学"的形态存在发展的，在这个时期，主要是科学家个体依靠其强烈的好奇心和求知欲，在其理性原则的指导下推动科学认识。但进入20世纪以后，科学技术研究逐渐从个人的兴趣爱好和小规模试验中走了出来，科学技术研究进入大规模人力、物力、资源投入和集体攻关的"大科学"时代。科学技术研究专家队伍不断扩大，科技成果层出不穷，科研管理日益复杂，科学技术社会化和社会科学技术化趋势日益明显。一方面，科学技术作为一种社会建制和社会活动的本质特征越来越凸显，科学技术的问题不可能再忽略社会背景来考虑。科学技术作为一种社会建制和社会活动，必然是由作为价值载体的人来实现的活动。科技工作者也是社会分工的结果，他们处于社会文化氛围之中，他们的思想和行为必然也会打上社会价值观的烙印。另一方面，科学技术成果的应用也越来越多地影响到自然、社会和人本身。比如，技术决定论者就把技术看作是人类无法控制的力量，社会制度、社会秩序和人类生活质量都唯一地受制于技术。技术的社会决定论者更加强调了技术的广泛社会价值，认为技术是社会利益和文化价值选择的

---

① ［美］普特南：《理性、真实与历史》，李小兵等译，辽宁教育出版社1988年版，第284页。

产物，技术主体在支配和控制技术方面具有主体性责任。正如马尔库塞指出的："技术始终是一种历史和社会的设计：一个社会和这个社会中占统治地位的利益，总是要用技术来设计它企图借助于人和事物而做的事情。"① 不论是科学技术的社会化趋势还是社会的科学技术化浪潮都充分表明：科学技术与价值的分离似乎不再可能，价值因素已经内化于科学技术的社会结构之中。

（三）科学技术价值张力论

面对"科学技术价值中立论"与"科学技术价值负荷论"的尖锐对立，有学者批判地吸收两种学说的合理成分，试图走"中间路线"，提出科学技术价值张力论。与对科学技术与价值关系作出简单明确论断不同，他们认为，对科学技术与价值关系的理解和认定应该是弹性的、有伸缩性的。科学技术与价值绝对无涉在当前科学技术实践中的确很难实现，此观点略显不合时宜，但是其理念影响在实证论倾向的科学技术领域却具有重要意义，对于确定性知识的寻求和保持科学规律的客观性本质极为重要；与此相对，科学技术负荷价值的观点在实践中备受推崇，对于规避科技异化风险意义也非同寻常，但是这种思想却极易滑向相对主义的边缘，使得科学技术脱离客观本质而被主观价值掌控。

美国总统里根时期的白宫科技政策办公室主任及总统科技顾问，著名学者威廉·R. 格雷厄姆（Willian R. Graham）就持科学技术价值张力论的观点，他在其《科学与价值之间》一文中指出："我们现在处于一个重新理解科学与价值的关系的时期，这个时期可能带来新的风险与机会……我们要警惕进入这样的时期可能会犯两种错误：完全用科学的术语来解释文化价值，或者把所有的科学都定义为有固有的价值负荷的。"② 另一位美国学者格姆（P. Grim）也提出了科学技术价值张力论的思想，他认为，科学与价值不应该是对立的两极，科学超脱于价值之外或者科学沦陷于价值之中这两种观点都是荒谬的。他承认科学具有某种价值取向，价值以特有的方式制约科学，在考察科学负荷价值时应具体考察科学所负荷价值的层次，而不是笼统地以价值涵盖科学。

---

① ［美］马尔库塞：《单向度的人——发达工业社会意识形态研究》，刘维译，上海译文出版社1989年版，第210页。

② R. Graham, *Between Science and Values*, New York: Columbia University Press, 1981, p. 381.

还有一些科学技术哲学家主张以辩证灵活的方式处理科学技术与价值之间的关系，实质上也是持有"张力论"的思想。比如，著名加拿大科学实在论哲学家邦格（M. Bunge）就曾将科学技术分类别研究它们与价值之间的关系，他说："科学基础研究就其自身的目的而言是寻求新的知识的，它不涉及价值，是道德中性的。即使诸如生存水平和边际状态问题也是不涉及价值的。只有当科学技术可以做某些有利于或不利于他人幸福或生活的事情的时候，才是涉及道德的。"① 邦格言外之意就是，科学技术是个复杂事物，要对其进行细致分类梳理才能看清它与价值之间的关系，有些部分可能涉及价值，有些部分可能与价值无关。也有人认为科学技术发现与整个科技运行活动是应该严格区分的，科学技术发现应该与价值无涉，但科技运行必然关系价值问题。还有人从时间维度或历史维度来认识科学技术与价值的关系，认为科学技术在不同历史时期与价值的关系的疏密程度是不同的。

第二节 科学技术与道德的关系问题

道德与价值两个概念有密切联系，道德所指向的首先是善，而从价值形态方面来看，毫无疑问，善又是一种正面的价值判断，因此在这个意义上说，道德更多地展示了一种向善的价值追求，道德往往被视为道德价值来认识。正因如此，很多人在讨论科学技术与价值关系问题时，经常也会把科学技术与道德关系问题一并混淆其中，模糊了价值与道德概念界限，当然这在一般意义上探讨也是没有问题的。但为了更加清晰地分析科学技术的伦理问题，认清科学技术伦理领域的逻辑线索和实践线索两条主线，我们有必要厘清道德概念与价值概念的界限，重新认识科学技术与道德的关系问题。

道德从发生学意义上讲，它是同人本身、同人的日常生产生活活动、同人的社会属性变迁紧密联系在一起的。道德活动既能从人的各种活动之中分化显现出来，同时又天然地杂糅于人的各种日常活动之中。因此，道

---

① ［加］邦格：《科学技术的价值判断和道德判断》，吴晓江译，《哲学译丛》1993年第3期。

德在本质上是一种人的存在方式，对道德关系的理解不能仅存在于超验之域。而价值在本质上是一种主体对客体需求效应的逻辑关系问题，其概念本身就带有强烈的逻辑理性色彩和超验性。因此，对价值关系的考察更多的是一种从理性角度出发的推演思考。虽然这种推演不可能是完全撇开现实的超验，但是对价值关系的考察不能完全准确地代替对道德关系的考察，所以我们完全有必要回归到人与人的社会本身、回归到人的生产生活等社会日常行为活动本身，即从道德关系层面来考察科学技术和人的一切活动。

一　道德与科学技术活动中的道德

"道德"一词，在中国古汉语典籍中出现较早，这可追溯到先秦思想家老子所著的《道德经》一书。当时篇中是把"道"与"德"的概念分开使用的，老子讲："道生之，德畜之，物形之，器成之。是以万物莫不尊道而贵德。道之尊，德之贵，夫莫之命而常自然。"其中"道"指自然运行与人世共通的真理，或者说是行事规律；而"德"是指人世的协调适宜的德性和品行。虽然在当时道与德是分开解释的两个概念，但其基本含义与现代道德一词连用时的意义也基本相当。"道德"二字在行文中真正被连用则始于荀子《劝学》篇："故学至乎礼而止矣，夫是之谓道德之极。"意思是说，假如学习目的达到任何事情都能按"礼"的规定去做，也就算是达到了道德的最高境界。这里的道德也是指人的思想品质、涵养水平及其行为准则和规范。在西方古代文化中，"道德"（morality）一词起源于拉丁语的"mores"，意为风俗和习惯，后来延伸含义也含有准则、标准、品质及善恶评价的意思。可见，古今中外关于道德的解释和理解没有多少差异和争论。在今天一般表述为：道德是指以善恶为标准，通过社会舆论、内心信念和传统习惯来评价人的行为，调整人与人之间以及个人与社会之间相互关系的一种特殊的行动规范的总和。

由道德的概念也可以看出，道德是人们一种社会性的行为，道德是社会的产物，只有在人与人、人与社会的关系之中才涉及道德问题。所以谈到科学技术与道德的关系问题，也是指人在一切科学技术活动过程之中的道德问题，撇开人的活动，静态的科学技术知识本身虽然可能内蕴道德价值，但科学技术知识本身自然无道德问题可言。

现实中每个人的道德观念自然是有差异的，因为道德本来是由一定社会的经济基础所决定，并为一定的社会经济基础服务的。人类的道德观念是受到后天一定的生产关系和社会舆论的影响而逐渐形成的。在不同的时代，不同的阶级往往具有不同的道德观念，不同的文化中，所重视的道德元素及其优先性、所持的道德标准也常常有所差异。这种差异自然表现于每个具体的现实的人的道德观念的差异之中。如此一来，如何用统一的道德标准来判断"何为正当"呢？如何运用统一的道德意识以协调人际关系，形成和谐有序的社会秩序呢？这就需要现实社会中人的理性自律，在一定的历史阶段通过社会舆论、内心信念、文化氛围和传统习惯等一系列的影响形成相对稳定统一的"公共道德"。这时道德、不道德的判断不是以某个人的观念为依据，而是以整个社会的观念为准，因此，道德此时上升为一种社会意识即社会公德。这种道德主要应用于涉及对社会、集体、组织产生影响的行为活动之中，大多是用在公共场所或公共生活中调整人与人、人与社会关系。相对于公共道德而言，还有一种道德称为私人道德，主要指人们在私生活和私人交往中应具备的品质德行和应遵循的准则规范。当然公德与私德不是截然分开、相互背离的，而应该是相互联系、相辅相成的。论及人的科学技术活动中的道德问题，自然更多的是关乎公共道德。纯粹的满足个人好奇心的科学技术认识活动几乎成为不可能，当前人的科学技术活动必然涉及公共生产与公共生活，必然会对社会、集体、组织和其他个体产生重大影响。因此，人的一切科学技术活动，毫无疑问，都应该是一种有统一的道德意识、道德规范约束的道德实践活动。

二 科学技术与道德关系的历史之维

道德与一定的历史阶段相适应，科学技术也是一定历史阶段的产物，科技与道德诚然都处于历史演变之中，两者关系也随着经济文化和社会历史的发展变迁而不断变化。在一定意义上可以说，道德和科学技术是人类社会历史长河中产生的两种意识形态的美丽浪花。

（一）中国古代儒家科技与道德关系的思想考察

儒家思想是我国传统文化的核心内容，从孔子、孟子和荀子开始，儒家思想体系逐步建立并高度发展，到汉代以后，儒家成为社会主流思潮正统，其学术思想研究的基本脉络取向是一致的。儒家孜孜以求于社会政治道德伦理问题，形成了一种以浓厚的伦理道德关系研究见长的政治型学术思想体系。但是，这不等于说儒家没有思考有关"自然界与科学技术"的问题。尽管当时人们对自然界的认识水平还不高，科学技术研究尚不够发达，但不同时期的儒家学者还是对"知识、技术与道德"关系中的诸多问题进行了深入的思考。

1. 博学约礼，知仁统一

儒家思想并没有明确地把科学技术与道德二者的价值导向加以区分，在他们的理念中，认为知识（智慧）与道德价值取向基本一致，或者认为智慧包含有道德的意义存在，他们追求求真与求善的价值统一。虽然那时形而上的知识（智慧）形态未必是真正的近现代意义的科学技术，但是显然当时将对知识（智慧）的追求作为道德追求的重要部分，这对于人类摆脱充斥着巫术等迷信活动的原始宗教社会功不可没。在我国古代儒家经典著作《中庸》中阐释的"君子尊德性而道问学，致广大而尽精微，极高明而道中庸"，《大学》中开篇也阐发了"格物致知"的思想，这里表明的"知与德"的关系与古希腊"知识即美德"的认识可谓异曲同工。儒家奠基人孔子曰："君子博学于文，约之以礼，亦可以弗畔矣夫！"① 这里表明孔子既主张广泛习读知识，同时也要以道德之礼约束自己。朱熹曾就此注曰："君子学欲其博，故于文无不考；守欲其要，故其动必以礼。如此。则可以不背于道矣。"② 由此可以看出，儒家强调若要修炼成君子品质，在理论上必须广泛学习各种知识、技能，在行动上也必须要恪守道德礼法，努力做到有为有守。

儒家经典《大学》曰："古之欲明明德于天下者，先治其国；欲治其国者，先齐其家；欲齐其家者，先修其身；欲修其身者，先正其心；欲正其心者，先诚其意；欲诚其意者，先致其知；致知在格物。"这里所说的"格物"、"致知"、"诚意"、"正心"、"修身"、"齐家"、"治国"、"平天下"被称为"八条目"。这里讲的"格物致知"，意思就是通过接触了解和分析事物，获得是非善恶之知识；"诚意正心"意思就是真心诚意去好善、为善而弃恶，使内心和行动符合道德规范。显然，"格物致知"其目的主要是"求真"，而"诚意正心"其目的是"臻善"。在儒家看来，求真与求善的价值目标应该是一致的，它们共同指向"修身"。其后儒家宋明理学对此做了进一步的发挥，宋代程颐曰："涵养须用敬，进学则在致知。"③ 他同样认为知识与道德不可偏废，并强调道德修养过程中格物致知的优先地位。朱熹继承并发展了儒家这一思想，他说："《大学》格物、

---

① 《论语·雍也》。
② 《论语集注卷三·四书章句集注》。
③ 《河南程氏遗书·卷十八》。

知至处，便是凡圣之关。物未格，知未至，如何煞也是凡人。须是物格、知至，方能循循不已，而入于圣贤之域。"① 他同样强调知识对于道德修养的优先地位，这也是他对以往儒家思想的继承，但他更强调格自然之物也具有道德价值，强调格物是"为学成人"的出发点。

儒家还强调"知"与"仁"是构成君子人格的两个基本要素。孔子曰："君子道者三，我无能焉：仁者不忧，知者不惑，勇者不惧。""仁者必有勇。"② 孔子还提出了"君子不器"③ 的思想，指出君子不应该如同器物一般只有某一种用途，而应该博闻广见，成为通识之才。这也是对君子人格的界定。其后荀子曾说："知而不仁，不可；仁而不知，不可；既知且仁，是人主之宝也，而王霸之佐也。"④ 后来董仲舒也提出"必仁且智"的思想。这些"知仁"关系的论述实际上阐明了求真与求善的统一。既强调知识对于道德的价值，又强调道德对于知识的规约。当然，儒家的这种真善统一论的命题也有一定的局限性。首先，儒家在不同时期不同人物所讲的"知识"的范围有较大差异，有些甚至比较狭隘。有些儒家人物可能认为知识主要是德行知识而较少包括自然科学知识。其次，在知识与德行、求真与求善问题上，儒家虽然强调统一，但在轻重缓急上儒家显然是把"善"放在"真"的前面来认识的。

2. 人有知学则有力

儒家思想虽然把"求善成仁"作为首要追求来考量，但其对知识的关注也颇具实用主义色彩。在先秦诸子之中，儒家对待知识的关注和重视程度虽远不及墨家，但可以肯定的是远超过了法家、道家等学派。中国传统知识伦理学中，以汉代儒家王充为代表提出的"人有知学，则有力矣"的观点成为中国知识价值论历史上的顶峰。先秦儒家有很多思想家看到了知识对社会的巨大作用，孔子《论语》篇中谈到"知者不惑"⑤、"工欲善其事，必先利其器"。⑥ 孟子提出："知者无不知也。"⑦ 荀子在《劝学》

---

① 《朱子语类·卷十三》。
② 《论语·宪问》。
③ 《论语·为政》。
④ 《荀子·君道》。
⑤ 《论语·宪问》。
⑥ 《论语·卫灵公》。
⑦ 《孟子·尽心上》。

篇中明确提出:"我欲贱而贵,愚而智,贫而富,可乎?曰:其唯学乎!"① 他认为要改变自己贫贱愚昧的状况,实现富贵聪明的梦想,唯一的方法就是学习知识。这一思想颇有"知识改变命运"的意思。这些表述体现了当时儒家思想体系已经注意到知识在认识世界和改造世界中的影响力。

汉代儒家知识价值论的代表人物王充,是"世界史上第一个提出知识就是力量的口号的人",② 这比近代英国启蒙思想家培根提出的"知识就是力量"的命题早了一千多年。他把唯物主义世界观推演到认识论领域,形成了唯物主义知识论。他否认"生而知之"的天赋观点,认为知识起源于后天的学习。关于知识的价值,他提出"人有知学,则有力矣"③ 的著名观点。由于王充所在的时代自然科学技术有了一定的发展,天文学、数学、农学都取得了一定成就,铁器、瓷器、丝绸等技术得到比较广泛的应用,再加上王充本人也乐于参加生产劳动实践,善于总结生产历史经验,所以他明确提出"知学"是人类力量的充分必要条件,"文儒之知"可"博达疏通",提出知识发挥作用必须要通过社会实践,不同知识背景的人才相互配合,可以发挥出重要作用。他还进一步提出了知识的三种作用:一是改造自然;二是改造社会;三是区别人与动物,完善人格。尽管他所谓的知识和学问,重点是学习儒家经典,但他认识到一个人、一个社会没有文化知识是没有力量的道理,从而为提高人的知识素质,为全社会重视和参与科技活动提供了认识基础。

3. 求真殉道,以道驭技

在追求真理的认识上传统儒家也强调为追求真理而献身的殉道学术精神。比如《易经·乾传》就曾提出,"天行健,君子以自强不息"。这里讲的就是具有君子品格的人应该探寻规律,按照规律行事,努力向上,永不松懈停息。孔子一生奉行"朝闻道,夕死可矣"的精神追求人生真谛,"当理不避其难,视死如归"。④ 孔子做学问还强调"无征不信"的学术道德传统,这其实就是科学实证主义的雏形。传统儒家对真理追求的意志是坚定的,但对技艺的价值评价却是十分谨慎的。儒家虽然重视技术在生

---

① 《荀子·劝学》。
② 袁运开、周翰光:《中国科学思想史》(中),安徽科学技术出版社2000年版,第15页。
③ 《论衡·实知篇》。
④ 《吕氏春秋·士节》。

产生活中的应用，提出技术"虽小道，必有可观焉"①。但是，儒家思想整体上表现出对技术主体、技术本身和技术方法的鄙薄，强调"道本技末"，即"以义理为本，以技艺为末"。因此，儒家强调技术的应用必须受道德规范的引导制约。儒家认为有些技术是"正统"的技术，可以大力发展，有些技术是"非正统"的技术，必须加以禁止和限制。比如在儒家经典《尚书》中提到的"六府三事"等有利于国计民生的技术活动，可以大力发展，并视其为万世功业。指出："水、火、金、木、土、谷，惟修；正德、利用、厚生，惟和。六府三事允治，万事永赖，时乃功。"而在《礼记·王制》中提到的一些"奇技淫巧"类的"非正统"的技术，必须严加规范甚至禁用，即所谓"作淫声、异服、奇技、奇器以疑众，杀"。基于此，儒家很早就提出技术规范论，在《礼记》中就提出"工依于法"②的思想。后世大儒也特别强调技术工匠的道德责任，提出了遵行度程、勿作淫巧、世守家业、诚实求精等诸多"以道驭技"的优秀技术伦理思想。

(二) 西方科技与道德关系的历史考察

在前工业化时期，西方同中国古代一样，人们并没有明确地把科学技术与道德加以区分，在他们的理念中，或者认为知识（智慧）与道德基本一致，或者认为智慧包含有道德的意义存在。比如在古希腊人们就曾将"智慧"、"勇敢"、"公正"、"节制"作为四大传统美德。虽然当时形而上的知识（智慧）形态未必是真正的现代意义上的科学技术，但是显然当时将对知识（智慧）的追求作为道德的重要部分，这对于人类摆脱充斥着巫术等迷信活动的原始宗教社会功不可没。在柏拉图的《美诺篇》中，就记载了苏格拉底与美诺的对话，阐明了苏格拉底美德就是知识的思想。柏拉图继承了其师观点，他也认为："善的典型是最高的知识。"③ 由于在这个时期人们对知识的探求主要是对道德知识的探求，他们用求真之德作为重要精神支撑孜孜不倦地探求智能知识，不断促进科学技术的发展。此时的道德与科学技术的关系总体是相互促进协调发展的。

在启蒙之后，随着西方工业革命的兴起，西方文明发生了根本变化，科学技术逐渐获得了社会的尊崇和认同，科学技术逐渐被套上了神圣的外

---

① 《论语·子张》。
② 《礼记·少仪》。
③ 周辅成：《西方伦理学名著选辑》上卷，何兆武译，商务印书馆1964年版，第51页。

衣接受人们的顶礼膜拜，科学技术与道德二者渐行渐远，甚至走向分离。用牛顿的话说："科学之所以能够受到人们的高度评价，主要是因为它揭示出了上帝的威力。"① 由于现代科学技术不断拓展着我们能够做事情的范围，威力日显强大，科学技术去道德化的倾向开始显露无疑，科技与道德的不平衡发展使得人类文明的"机理"开始失调。这种现象也引发一些思想家的隐忧，卢梭就曾对道德的堕落与科学技术的进步的关系不无认识，他指出"我们的灵魂正随着我们的科学和我们的艺术之臻于完善而越发腐败"②。但这种担心并未有效阻止科技与道德分离的脚步，特别是现当代以后，道德越来越成为科技的外在之物，科学技术日新月异大踏步前进，失去了应有的道德约束与道德规范，由此产生了一系列生态破坏、环境污染、信仰危机等全球性问题。面对现实问题，人类该如何完成自我救赎，应该如何控制和评价科学技术实践以及后果，越来越多的人对科学技术与道德关系开始重新关注和反思。人们期待科学技术与道德的融合协调发展。

三 科学技术与道德关系的现实之维

在人类社会现实实践中，科技和道德作为两种社会意识虽然有明显差异性，但是以科学文化为代表的求知探索活动和以技术文化为代表的生产实践活动与个体的道德观念以及人类社会的整体道德发展水平和道德实践活动也有着不可分割的联系。一方面，科技与道德之间的相互促进及其辩证互动是不言而喻的：科技文明促进了人类道德意识、道德情感、道德认知、道德判断和道德行为的不断发展，这有利于人类道德身心的成熟和整个社会的道德进步，道德水平的提高也推动科技文明不断迈向更高的层次；另一方面，科学技术的工具理性有可能拒斥道德追求的价值理性，二者表现为一定的对立冲突。

（一）科学技术与道德的双向内蕴

科学技术活动是一项特殊的人类实践活动，科学技术知识也是一种特殊的社会意识。之所以说它特殊，就在于科技活动本身蕴含着客观与公正，蕴含着道德扬善。科学技术活动本身要求做到合目的性和合规律性的统一、合客观性和合公正性的统一，而客观和公正恰恰是人类孜孜以求的

---

① R.K.默顿：《十七世纪英国的科学、技术与社会》，范岱年等译，四川人民出版社1996年版，第130页。

② ［法］卢梭：《论科学和艺术》，何兆武译，商务印书馆1963年版，第11页。

道德理想。另外，科学技术会为人类生存和发展夯实物质基础，科学技术所固有的这种工具属性使其天然具有道德意蕴。正如默顿所言："科学作为改善人类物质条件的力量，在耶稣基督的救世福音教义看来，不仅具有纯属世俗的价值，而且是一种善的力量。"① 作为一种知识体系，科学技术是科学技术专家长期从事研究活动的辛勤劳动结晶，它同样蕴含着道德精神之善，即所谓的科学精神或科技文化。科学的求真精神、创新精神和务实精神启迪人们独立思考，实事求是，开拓进取，都充分体现了科技的道德意蕴。

从另一个视角看，道德中也蕴含了一定的科学技术因素。比如，在原始氏族社会时期，我国古代氏族内部就有着族外婚的传统，盛行"同性相婚，其生不蕃"的道德律令。这一律令不仅体现出古代人类对道德的实践，更体现出古代人淳朴的优生科学思想，反映了人类早期对其自身生产繁殖规律的准确认识。古代与生产生活有关的道德律令和规范并不仅仅如此，生态学、环境学方面的知识同样闪烁着科学的光芒。比如在《孝经》中孔子讲："伐一木，杀一兽，不以其时，非孝也。"显然这里对自然生态保护的思想跃然纸上，无不体现出已经从道德的层面加强对生态环境的保护的认识。后来董仲舒《春秋繁露·仁义法》也认为："质于爱民，以下至于鸟兽昆虫莫不爱。不爱，奚足以为仁？"这显然也是用道德层面的教化反映了生态学的基本常识。

（二）科学技术与道德的良性促动

按照马克思主义观点，经济基础决定上层建筑，社会存在决定社会意识。道德作为社会意识归根到底都是当时的社会经济状况的产物，道德自然要同当时的社会经济基础相适应。虽然科学技术也是一种特殊的社会意识，但它却是生产力中最活跃的因素，科学技术应用导致的物质文明成果必然会使公道原则、人道主义等道德规范得到新的落实，必然促进整个人类社会道德水平的不断提高。同时科学技术知识深化人们对自然、社会和人身本质的认识，从而会进一步促进道德观念的变化，要求人们重新调整关于人才、风险、时间、人际关系等的道德规范。

道德是用一定评价标准来调整人与人、人与社会、人与自然之间的相

---

① [美] R. K. 默顿：《十七世纪英国的科学、技术与社会》，范岱年等译，四川人民出版社1996年版，第130页。

互关系，来规范和调整人的行为的。人的科学技术活动自然也不例外，它必然属于道德规范和调整的范畴。通常意义上谈及道德对科技的制约调节作用一般表现在"真"、"善"和"美"三种意义的道德向度：在"真"意义上表现为道德制约着科技对自然规律性与真理性的探索进程；在"善"意义上表现为道德对现代科技的开发、研制与应用过程给予合理的"善性"目的的方向规导制约，使其发展融入更广的人类理性认识空间，力求人类的最大的长远福祉；在"美"意义上表现为道德对科技的发展提供最高的审美价值追求，使客观现实世界在科技表达上实现人美的享受。在具体实践上，道德对科技的促进主要表现为道德对科技行为的规范和对科技创新发展的精神文化支持。科学工作者思想上的道德约束，必然产生行为上对真理的追求和对良知的敬畏。道德不仅会为科技发展指出价值目标、提供价值判断，也为科技工作者提供人文和价值准则。人们的道德水平一旦提高，积极进步的社会道德风尚一旦形成，就会推动经济的发展，直接或间接地促进科技的发展。

（三）科学技术与道德的冲突对立

科学技术与道德属于人类的两种不同认识类型和社会意识领域，它们之间除了相互良性促动之外，有时也会表现为激烈的冲突对立。这是因为科学技术的研究对象主要是对象性的自然物，而科学技术研究的目的是追求自然事物的客观规律，并将其用于改造对象，进而使人们获得物质财富或者精神享受；而道德是一种在特定社会历史条件下经过长期生产生活实践形成的优良德行品质和标准行为规范，它"是在利益和诱惑面前仍能以原则、规则处事，是不趋利、不悖理的品质的体现"，[1] 它更侧重于追求善的价值目标实现。显而易见，客观的求真与主观的求善之间在特殊的时间空间和社会历史条件下还是存在一定的差异冲突的。特别是在当下，现代科学技术的巨大进步和飞速发展，往往使得人的欲望也随之不断膨胀，但核心社会资源的有限性和人类工具理性的有限性都注定了两者之间的矛盾冲突不可避免。由于市场和商品经济的推动，伴随高新科技的兴起，似乎使得一切皆有可能，人们的各种欲望得到了空前的释放和调整。面对科学技术火山爆发式的进步和发展，有时道德观念与道德规范相对来说显得调整进化得过于缓慢、过于保守，有时人类利用科学技术获取利益

---

[1] 王国银：《德性伦理研究》，吉林人民出版社 2006 年版，第 9 页。

的欲望又好像脱离了道德缰绳的野马肆意驰骋、任意妄为，于是科学技术与道德之间的平衡很容易丧失，难免导致尖锐冲突对立，甚至给人类社会带来难以想象的灾难。

第三节　科学技术的伦理指向

现代社会科学、技术、生产的一体化使得科技发展的内在逻辑偏好于工具理性和手段选择，容易造成的后果是科技在发展过程中将会偏离生活本身的目的和价值轨道，出现意义偏差，滑向风险社会的深渊。鉴于以上科学技术与价值、道德的关系分析，我们认为若是伦理思维在科技发展的内在逻辑诉求下渗入进来，将必然会改变和拯救科技发展坠入风险的命运。而且，事实上，今天科学技术内在的迅猛发展逻辑在较大程度上还缺乏与之相适应的伦理之维，我们急需伦理之维对科技发展过程中的思维方式的渗透，从而从根本上纠偏科技发展内在的思维方式所引起的悖论。在伦理之维的渗透作用下，科技发展内在思维逻辑在为科技进步而确定某些特定目标的时候，应该考虑到这些目标本身存在的目的、意义和它在人类整体的社会生产生活中存在的意义和价值。这样，科技发展带来的持续进步就会到达伦理学深思的居所的近处，就能真正改善人类的处境，让我们体验科技和伦理同时在场的幸福。然而，科学技术的伦理之维最终指向何方、旨归何处是首先应该明确的问题之一。科技的伦理旨归要从科学技术的历史发展逻辑中去追寻。纵观人类发展史，自然是人类产生和发展的基础和前提，社会生产实践是人类社会生存和发展的最基本条件，在社会生产实践的过程中，人类不仅创造了人工自然物、人工自然，同时也创造了科学技术和发展了人类自身，进而创造了丰富多彩的大千世界和纷繁复杂的人类社会，最终的目的还是在于实现自由全面发展的人本身。

一　协调平衡的自然生态

自然是人类赖以生存和发展的物质基础，自然界为人类的精神生产提供原材料，也是人类获取科学认识的基础，自然规律在人与自然关系中是必然的、决定的方面。人类只能认识和利用规律去改造自然以满足人类生存和发展的需要，但人类不能违背自然规律任由自己的主观意志去处理人与自然界的关系，否则不仅无法取得自己预想的效果，而且还要遭到大自然的惩罚。因此,科学技术的伦理旨归之一就是要在人与自然的协调发展中发挥重要作用,实现协调平衡的自然生态。在此视阈中科技与伦理进行自然生态转向和生态整合。让科学技术不仅关注物质进步,而且关注赋予自然界的意义和价值,让自然界栖息于它的自然本性之中。

首先,科学技术要为发现自然规律提供客观正确的认识论基础。人对自然的改造活动必须顺应自然所固有的规定性和规律性才能达到预想效果。因此,研究自然规律,认识自然规律,使人类的活动符合自然规律,是使人与自然协调相处的重要前提。而科学技术的发展揭示的自然的本质和规律为人类认识自然、改造自然、协调人与自然的关系奠定着认识论的基础和提供着理论的依据。

其次,科学技术认识到自然价值,物化为劳动工具,要帮助人类合理地改造自然、利用自然、开发自然。科学技术使人类认识到能够利用的自然能源和自然资源越来越多,科学技术创造的生产劳动工具使人类自然器官得到延伸和加强,人类能够更主动和更积极地作用于改变自然界。此时,科学技术的利用既要做到对自然越来越有效地进行改造,又要尽量将对自然生态的损害减小到最低限度,实现更加合理地开发和利用自然。

最后,科学技术要提高人类对自己行为后果的预见能力,有效保护自然。人类运用科学技术手段可以加深对自然规律的认识和理解,掌握生态系统平衡发展的规律和自然界环境演化的规律,增强人类自身行为可能对自然界产生的近期和长远影响后果的预见能力,从而减少和避免对生态系统的破坏和自然环境的污染。

二 充满活力和谐发展的社会

科学技术社会化和社会科学技术化的趋势日益明显,科学技术对社会的进步起着越来越重要的作用。人类能否合理运用自己的科技智慧,实现合理的科学技术的社会控制,将是决定科学技术是否会有效创造一个充满活力、和谐发展社会的关键。因此,科学技术的伦理旨归之二就是现实良好的科学技术的社会控制和社会运行,承担相应的社会责任,获取最佳的社会效益。

首先,必须考虑每项科技成果的开发、转化与应用带来的社会后果。科学技术研究人员、人文社会科学工作者和公众需要紧密携手,进行前瞻和反思,政府执政者需要制定合理的科技管理政策、机制和制度,积极实施科技立法、执法,形成适当的科学技术的社会控制。特别是对一些有明确意图，完全是"人为的"，而且对其后果有预见性的，在某种带有恶意的目的指导下进行的"科学技术"活动要严加控制、严格禁止；对另一类是没有人的自觉目的，是由人类对自然规律认识的局限性造成有不良社会后果的科学技术活动，则要加深对科技的认识，进行科学技术预测，防止其社会危害发生。

其次，科学技术的发展过程要受社会的合理选择、调节和制约。社会选择即对科技发展方式的选用、实施和判决性的鉴定，是社会塑造技术的集合，形成技术的优胜劣汰的机制，形成公平的技术评价标准的重要过程。社会调节即社会对科技的发展进行有所侧重的调整和引导，通过管理并借助其他资源对科技发展进行自觉、主动的引导。社会对科技发展的调节，可以使科技有目的和针对性地发展，使科技发展的门类形成合理的布局和生态，造就科技发展的有利环境，使科技有重点、有序协调、持久地发展，从而使科技更合乎人类的目的。①

最后，科学技术的研究应用必须合乎社会道德规范。科学技术之所以带来了破坏性后果，人的道德境界和社会制度环境都在起作用，社会道德对科学技术的规约能防止科学技术的滥用。政府工作者、科学共同体、公众都要承担相应的社会责任，传播科学知识、科学方法、科学思想和科学精神，遵守科学道德和行为规范，促进社会和谐，为科学技术的健康发展，为推动社会进步作出贡献。

三 自由全面发展的人

自由全面发展的人是人本身最终极的本质追求，人的自由全面发展是整个人类社会发展的最高目标，也是我们一切实践活动的出发点和归宿。在生活实践过程中寻求的所有的具体对象和目标，都只是实现人的本质的一个环节或阶段，人的自由全面发展才是人的一切行为活动的最终归属。正如马克思认为：一个种的全部特性、种的类特性就在于生命活动的性质，而人的类特性恰恰就是自由的自觉的活动。生活本身却仅成为生活的手段。② 科学技术作为人们改造世界，推动社会进步的最强大的武器，作为增进现代文明的最有力手段，自然也必须以人的全面自由发展作为自身发展的最终目标。因此，我们也正是在这个意义上说，自由全面发展的人

---

① 肖峰：《现代科技与社会》，经济管理出版社 2003 年版，第 313 页。
② 《马克思恩格斯全集》第 42 卷，人民出版社 1979 年版，第 9 页。

是科学技术的最终伦理旨归。

很显然,由于科技的二重性特点,科学技术在促进人的自由全面发展的同时,它还很有可能成为抑制人、奴役人的力量,造成人的异化。对此法兰克福学派早就指出,科学与技术在现代工业社会已成为一种控制的新形式,并日益内化为占统治地位的意识形态,在效率、秩序和理性的技术判断体制下,人失去了自主性、个体性和自由,人成为"单向度的人"。科技伦理指陈其对人的异化负效应,并非旨在否定科学技术,而恰恰是为了将科学技术这匹"脱缰之马"从偏离的轨道拉回来,予以重新定位和导航。科学技术的研究创新在于人,科学技术的应用也在于人,科学技术导致的后果承受者仍然是人。人的自由全面发展是科学技术伦理的最终指向和价值归属,这也是一切科学技术活动的题中应有之义。唯其如此,把科学技术置于人性升华的导引和控制之下,人的存在才能被赋予一种合理和高尚的意义,才能使人们合理地调节人和自然之间的物质变换,克服人的异化倾向,避免成为科技的奴隶,直接实现人自身的自由全面发展。

第二章　主体域：科技伦理责任主体的伦理责任

"主体"是一个被广泛使用的概念，在哲学上讲的主体，是与客体相对应的存在，一般是指对客体有认识和实践能力的人，是客体存在意义的决定者。一般来说，马克思主义哲学的研究者也是把人或者由个人所构成的群体理解为主体。比如，人们经常会把人看作是实践的主体、认识的主体、价值的主体、历史的主体、权利义务的主体等，这里主体的意思无非就是指从事实践活动、认识活动、价值活动或者社会历史活动的人。在此意义上，我们认为科学技术的飞速发展和深度利用是主体认识和实践的结果，科学技术既给主体带来了物质与精神的享受和恩惠，同时也给主体带来了困境和灾难。因此，从主体层面探讨科学技术的伦理问题具有重要意义，在某种意义上也可以说，科技伦理即是科技主体的责任伦理。

第一节　责任伦理与科技伦理的责任主体界定

"责任"是一个正在被广泛使用具有广泛含义的概念。责任伦理也是随着应用伦理学兴起而逐渐发展并流行的新型伦理学概念，也被称为科技时代的新伦理。特别是面对当今世界多极化、价值多元化、社会科技化、政治民主化的大潮，自然环境不断恶化、人类精神家园不断沦陷、生存安全日益严峻，人类处于自我毁灭与自我拯救的激烈较量的边缘，如何逃离苦难、拯救未来严酷地摆在我们面前。此时我们无法祈求上苍，更不能消极等待，只能勇敢地负起责任，在承担责任中实现人类的新生。于是，责任问题便成为一个无时无处不在场的话题。

一 责任与责任伦理

究竟什么是责任？不同学科、不同领域、不同主体都具有不同的责任内涵与责任要求。按照现代汉语中的解释，有三个基本含义："分内应该做的事情；特定的人对特定的事项的发生、发展、变化及其后果负有积极的义务；因没有做好分内的事情或没有履行义务而应承担的不利后果或强制性义务。"[①] 其实这里的"责任"概念更多含有"义务"的意思，这是从法学角度的理解，体现的是法律责任。而在西方文化中，责任（responsibility）最初起源于动词"respond to"，出现在古罗马的被告辩护中，意味着"回应"和"答复"。这里体现出"回应、答复"就是为自己的行为负责任。显然，古罗马的"责任"内涵也是与法律有着紧密的联系的，不仅如此，在古罗马，还存在一种现象，即成为被告可能是由于涉嫌没有履行自己的法定义务，也还有可能是被巡查官发现公民有不符合道德的行为举止。因此，西方文化中的"责任"可以看作是与法律和道德两个领域产生联系的。基于此认识，伦理学角度的"责任"通常与道德领域相联系，它是指人们意识到的，自愿承担的对自然、社会、集体和他人的道德责任，它同职责使命具有相近的含义。可见，伦理学范畴内的"责任"具有不同于其他学科中的责任的特点。首先，伦理学的"责任"是一种道德意志，不仅强调道德主体自觉自愿的承担和履行，而且这种意志有时甚至强调"道德"的绝对命令性。责任本身可能没有所谓的溯因逻辑推论形式，就是为责任而责任。此时此地"责任"并不一定会带来最大功利结果，但是出于人道、出于敬畏等道德律令要求，责任意识就具有无比的"道德"权威。

"责任伦理"概念是德国学者马克斯·韦伯于1919年在慕尼黑大学所做的题为《以政治为业》的演讲中提出来的，他当时区分了"责任伦理"与"信念伦理"两种不同的伦理精神，并认为在政治行为领域中应当大力提倡的是责任伦理。按照韦伯的解释，所谓责任伦理实际上是一种以"尽己之责"作为基本道德准则的伦理，其判定道德主体之道德善恶的根本标准在于道德主体在一定的道德情境中是否尽了自己应尽的责任。而判断道德主体"是否尽了自己应尽的责任"的最重要依据，则在于看其行为的后果是否与其所肩负的责任要求相对应。从韦伯当时的具体语境

[①] 张文显：《法理学》，高等教育出版社1999年版，第120页。

来看，他之所以提出"责任伦理"作为一种独特的伦理精神，目的是从对政治行为的道德评价和道德准则角度来说明何谓"以政治为业"。

在马克斯·韦伯之后，特别是20世纪70年代以来，责任伦理先是在西方伦理学界被当作全人类应当遵循的一种普遍伦理精神掀起了研究热潮，出现了德裔美籍学者汉斯·约纳斯（Hans Jonas）、美国学者约翰·雷德（John Ladd）、德国学者汉斯·伦克（Hans Lenk）等一批享有较高声誉的责任伦理理论家。他们进一步指出责任伦理是适应20世纪后半叶科技时代的挑战而产生的一种新的、宏观性的、面向未来的伦理概念，是对传统规范伦理的继承和发展，也可以说，责任伦理是科技时代的伦理。汉斯·约纳斯在《责任之原则——工业技术文明之伦理的一种尝试》一文中提出伦理视野的一个"新维度"的说法。他指出：对于培根而言，知识是达到幸福的手段，自近代以来，知识在人类的滥用中已逐渐变成了灾祸与不幸。在我们的文明时代里，科技的创新能力与摧毁性的潜能发展之快，远高于这个时代的伦理的进步，从而产生出许多我们目前无法解决的问题，如自然生态空间的被摧毁、气候的恶化、土地的沙漠化、土地与食品的毒化、动植物物种的消失等。当代科技文明危机以及"人类行为之变化了的特性要求伦理学也发生变化"即迫使我们阐发一种伦理、一种责任意识：它要求人类通过对自己力量的"自愿的驾驭，而阻止人类成为祸害"；它要求"我们对自己进行自愿的责任限制，不允许我们已经变得如此巨大的力量最终摧毁我们自己或者我们的后代"；它要求人类的政治、经济、行为要有一个新的导向；它甚至要求人们对道德观念从某种意义上重新加以定义即道德的正确性取决于对长远的、未来的责任性。①
约翰·雷德认为：传统的责任概念是一种担保责任或过失责任，它以追究少数或唯一的过失者、责任人为导向，因为它将责任很快划归为法律责任。这种传统的对责任的理解被雷德称为以直线式因果关系为特征的"机械模式"。在雷德看来，这种传统的以追究过失为表现形式的责任概念太狭隘，它无法适用于理解当今错综复杂的社会运行系统，在这个纷繁复杂的社会网络系统里有可能隐藏着巨大的危险，而这种危险又很难简单地溯因为单一责任。因此在当今人类对自然的干预能力越来越巨大、后果越来越危险的科技时代，有必要发展出一种新的责任意识，它以未来的行

---

① 转引自甘绍平《忧那思等人的新伦理究竟新在哪里？》，《哲学研究》2000年第12期。

为为导向，是一种"预防性"、"前瞻性"、"关护性"的责任。而汉斯·伦克特别强调提出新的责任模式的目的并不在于要替代旧的模式，而是对传统责任概念的一种扩展、补充、增加或精确化，只有得到扩充的责任概念或模式，才能对当今科技时代纷繁复杂的社会系统中充满着巨大危险的人类行为提供指导。

在西方责任伦理研究基础上，我国学者从20世纪90年代初开始关注研究责任伦理问题。学术界从对责任伦理基础理论中的概念和范畴谈起，对西方责任伦理研究进行了广泛介绍和深入挖掘，并不断结合我国的社会实践进行责任伦理追问，不断把西方责任伦理研究成果本土化，实现了责任伦理研究在当代中国的理论拓深和实践拓展，并呈现出向各个领域纵深发展的良好研究态势。总结各方的研究成果看来，大家普遍认为：责任伦理是人们共同承担人类共生共存责任的伦理，责任伦理是面向人类整体、面向未来的高科技时代的伦理。责任伦理属于规范伦理学，但又不完全等同于传统的规范伦理学，它是对传统规范伦理学的继承和发展。它虽然也是以研究伦理规范为主要内容，但其生长的基础和发展的视野不同于传统规范伦理学，责任伦理根植于现代世俗社会的伦理，依靠人类共同生存的需要，立足当前，面向未来，尽责为善。

二 科技伦理责任主体的形成与界定

任何主体的责任都起源于其所承担的主体身份角色，主体在社会生活中以何种身份角色出现便决定了他所承担的责任的性质和程度。比如，没有父亲这一身份角色特征，自然就不用承担父亲的道德与法律责任；没有执政者的身份角色自然也不用承担公共行政的道德和法律责任。任何主体的身份角色都是人们认识其责任的直接中介，主体的身份角色与责任同时产生，同时解除，有了角色就有了责任，角色解除其相应的责任自然随之解除。主体的身份角色是在特定的历史阶段的社会生产生活之中产生的，它与特定社会关系相联系，处于什么样的社会关系之中，就可能被分配一个与之相适应的社会身份角色。当然这种被分配有可能来自主动选择，也有可能来自天然的被动选择。对于科学技术伦理责任所涉的主体而言，其相应的身份角色自然是在一定历史阶段的科学技术活动实践中形成的，因此，科技伦理责任主体与一定社会历史阶段相联系，它的演进同科学技术的演进一样，也经历了一个历史的发展过程。科学技术实践活动在不同的历史发展阶段有不同的特点，塑造着不同的社会关系，使得不同历史阶段科技伦理的责任主体在基本构成上也有所不同。

首先，在人类原始文明时期，当时人类生活完全依靠大自然赐予，狩猎采集是主要社会生产活动，科学技术主要来源于狩猎经验的累积，比如石器、弓箭、火等是原始文明时期重要的科技发明。此时的物质生产活动是直接利用自然物作为人的生活资料，对自然的开发、支配能力和影响极其有限。当时技术的发明和使用除了用于人类自身生存以外没有任何其他目的性，更谈不上会构成对自然和其他群体或个体存有潜在的和现实的威胁，所以，这个时期并不存在真正意义上的关系科学技术发展的伦理责任的主体。

其次，在农业文明时期，人类开始对自然进行初步开发，主要从事的社会生产活动是农耕和畜牧。当时人们通过创造适当的科学技术条件，使自己所需要的物种得到生长和繁衍，不再依赖自然界提供的现成食物。依靠科学技术进步，他们获得了青铜器、铁器、陶器、文字、造纸、印刷术等，同时对自然资源能源的利用已经扩大到畜力、水力等若干可再生能源领域。尽管这个时期的科学技术发明创造有了比较明确的目的性，但当时的科学技术大都是农业生产实用技术，少有的一些科学知识也是在个体好奇心驱使下对自然规律的零散认识。当时从事科学技术行业的人员多是社会地位十分低下的工匠，他们还远未形成一支独立的社会力量。而当时的统治阶级和一般民众大都对科学技术采取漠视态度。所以，农业文明时期的工匠虽然成为当时从事科学技术活动的实践主体，但他们却没有承担科技伦理责任的客观的社会基础和现实条件。

最后，历史走进工业文明前期，随着科学技术的空前发展，人类开始以自然的"征服者"自居。特别是科学技术探索活动中分析和实验方法兴起，自然完全祛魅，人类开始对自然进行"审讯"与"拷问"，人们运用科学技术的武器控制和改造自然也取得空前胜利。蒸汽机、电动机、火车机车，每一次科技革命都建立了"人工自然"的新丰碑，并开始用工业化武装农业生产。随着大工业时代机器化大生产的出现，科学技术实践活动中的参与主体日益成长和多元化，科学家、技术发明者与工程师成为科学技术成果的制造大军；商人、企业家企图更多地获取科学技术，最大限度地谋取企业和个体利润，他们成为科学技术的最大使用者和研发赞助者；由于科学技术的社会建制化尚不成熟，政府对科学技术的管理引导尚未认识；民众日常生活对科学技术的直接利用尚不明显。在这一时期，科学技术的使用已经产生了一些负面影响，其消极后果逐渐显现出来。科学技术虽然尚未完全建制化，但科学技术工作者形成的群体已经成为重要的社会力量，他们应该成为科技伦理重要的责任主体，同时，工业化初期的资本家、企业家是科学技术发展的重要推动力量，他们也应该成为科技伦理的责任主体。

当前，社会发展至"工业"和"后工业"文明时期，科学技术成为社会发展中最活跃的因素，主要表现为：科学家共同体的社会地位明显提高，科技从业人员大都被完整的社会建制收纳；大科学和高技术的时代已经来临，国家、社会组织和企业参与引导、管理和支持科技活动的热情高涨，对科技研发的投入规模巨大，科技竞争态势日益激烈；科学技术更加有效地直接渗透进民众的日常生活，明显改变着民众的生产、生活、消费和思维方式。总之，科学技术知识本身一体化、科学技术从业人员建制化、科学技术研发投入规模化、整个科学技术社会化，科学技术实践活动的参与主体多元化，因此，在工业及后工业时期需要承担科学技术带来消极后果的伦理责任的责任主体并不单一，总体呈现多元化态势。主要应该包括以下四个方面的科技伦理责任主体。

其一，作为科学技术研究发现者和创造者的科学技术共同体，比任何人更能够推动科学技术的创新与发展，更能够准确预见科学技术成果对自然界和社会可能产生的现实与潜在影响，显然，他们首先应该肩负着不同于其他社会群体的重大伦理责任。

其二，作为引导、管理和支持科学技术发展应用的政府及其科技管理者，他们可以运用经济、法律、政策等有效手段，对本国的科学技术发展规模、方向、速度等进行宏观调控，也可以制定科技产业政策，甚至进行科技立法来规范企业科技创新模式和调整社会科技资源配置等。可见，政府及其科技管理者理所当然地应该承担科学技术伦理的政府行为责任。

其三，作为科技创新的重要载体和资本投入者，企业和企业家共同体在很大程度上影响着一个国家或一个地区的科学技术发展方向和规模，他们能把科学技术从"后台"推向"前台"，对科技的创新与应用后果产生着重要影响，因此，企业及企业家也应该成为重要的科技伦理责任主体。

其四，作为科技产品消费者和科技后果天然承受者的广大民众，他们的消费欲望使得科技可能性得到无限拓展的空间，公众的消费文化倾向也必然影响到科技发展方向和速度。另外，公众在传播和使用科学技术知识和科学技术产品过程中任意妄为也可能会造成一系列社会问题，对自然、社会或其他个体造成伤害。因此，公众也应当是科学技术伦理责任主体的一个重要组成部分。

第二节 科技伦理责任主体的责任原则和目标

所谓原则，通常是指人们行事依据的法则或标准。科技伦理责任主体在科学技术实践活动中必然也要遵循一定的原则去承担伦理责任、实施责任行为和制定责任规范。不同的科技伦理责任主体参与科学技术实践的具体规范标准不同，但有些应遵循的基本准则和所要求达到的基本目标却是一致的。

一 科技伦理责任主体的责任原则

科技伦理责任主体的责任原则体系应该是面对科技发展和实践的现实，围绕科技伦理责任的共同目标而设立的，概括而言，主要有以下三个原则。

第一，竞争协作原则。竞争与协作的联姻是推动当代文明社会和平发展的重要动力法则之一。竞争的目的是分配资源、锻炼能力、增长技艺，但竞争不是无限制的竞争，竞争应该是在道德合理性规则下的和平竞赛。协作是按规则有秩序的多人合作，协作是团队结构的原则。[①] 协作的目的是为了实现竞争双方的共同利益目标，协作是竞争的孪生兄弟，协作是为了竞争，竞争也需要协作。

当代科技实践活动的其中一个重要特征就是竞争白热化。某项科学技术成果的研发可能会给科学技术从业者带来巨大的荣誉和巨额的利益，甚至还可能会与企业与国家的兴衰存亡息息相关。因此，科技共同体、企业、国家之间科技能力的竞争成为科技实践活动常态。谁掌握了最先进的科学技术，谁就占据有利地位，掌握了主动权，就可以获取巨大利益。但与此同时，随着现代科学技术研究和应用的深入，科技协作的重要性也正被越来越多的人所认识，科技协作是攻克科学难关、促进科技进步的需要，也是正确处理各方利益关系、协调应对科技消极后果的需要。当今世

---

① 程东峰：《责任伦理导论》，人民出版社2010年版，第87页。

界科技学科间的交叉、渗透与综合的趋势十分明显，不论是基础研究、应用基础研究，还是应用开发研究，越来越需要多学科的联合与协作，单靠某一学科或几个人独自努力很难有大的突破。科技研发的投入规模也越来越巨大，单靠个人、企业，甚至某一个国家都力不能及，需要各方有效合作。科技间的无序竞争和风险应用更需要科技管理者共同参与、协作治理。

第二，公平公正原则。一般来说，公平公正是指分配社会权利、义务和利益必须遵循价值尺度，是社会公共生活领域调节人们相互关系的道德范畴。详细分辨来说，公平属于基础层面的衡量标准，强调客观性，注重的是衡量标准的"同一个尺度"，带有明显的中性和"工具性"色彩；公正是在分配领域的一个非常重要的利益分配原则和衡量标准，是人们追求的价值目标。公平公正的最终目的是调节社会生活、缓和社会矛盾、实现人类社会生活和实践的正义理想，创造和谐协调的社会关系。

科学技术的发展与应用使得经济社会的各方面关系都发生了重大变化。科学技术日益商品化、资本化和市场化，科技知识本身与科技产品的生产和分配都被纳入市场的运作之中。同时，人类应用科学技术创造财富的速度和力量超过了以往任何时候，伴随出现的贫富分化、信息鸿沟、话语霸权、技术壁垒等现象超过了以往任何时期。在市场经济条件下，科技知识、科技资源、科技产品与市场之间的关系变得密切而复杂：一方面，科技研发需要自然资源和人力资源的支撑，需要公共或私人基金的资助，而资源和资本都是有限的，这就提出了在科学家之间、学科之间、社会的不同需要之间如何公平合理地获取科研资源的问题；另一方面，科技研发的过程、研发的成果及其应用常常是有利于一部分人的，而对另外一部分人可能形成负担或造成损害，这就提出了如何公正分配科学技术发展带来的利益、负担和风险的问题。尤其是让处于贫困、饥饿、疾病状态下的国家、地区、群体和个人等弱势群体在科技时代得到应有的保障，也逐渐使科学技术发展影响社会公正的问题凸显出来。在这样的时代背景下，科技伦理的各个方面的责任主体在科技实践活动中都必须坚持公平公正原则，协调处理好人类与自然、现在与未来以及人与人、人与社会之间的各种利益关系，真正承担起维护公平与公正的伦理责任。

第三，人本向善的原则。"人本"就是以人的自由解放和全面发展为本，"人本"中的"人"，既是个体的人，又是群体的人，也是"类"的人。"人本"是对"物本"的彻底否定和超越。"向善"就是一切以利己之善与利他之善作为出发点和落脚点，人的利己、利他都是善，而普遍的利己与普遍的利他相结合则就是普遍的善，也是最大的善。虽然在人的天赋本性之中存在着善恶两重性，但人的更深层次的本性应该是人的向善性。

近代科技体系建立之后，科学技术普及和应用对社会生产生活产生了巨大推动力和影响力，一度使得人们对科学技术的崇拜到了无以复加的境地，人们面对无所不能的科学技术俯首称臣，任其摆布。物性科学和物化技术迅猛、精细地使人全方位地成为物的奴隶，甚至成为物的随葬品。特别是在资本主义社会制度和社会文化框架内，关于商品、货币、资本乃至机器、生产线和一系列眼花缭乱的科技产品正全面控制着人的时空存在。人从中世纪"上帝"的支配下解放出来，却将人置于物的奴役之中。上帝死了，但物活了；神性泯灭了，但"物本"思维却获得更多的"神性"。今天，人们已经清晰地认识到科学技术的放任实践会造成对人的异化，有可能导致人类精神家园的丧失和善的价值失落。面对如此现实，科学技术伦理的各方责任主体在其科技实践活动中必须坚持人本向善原则，树立人本思维和向善情怀，充分利用科学技术为人类谋福祉。

二 科技伦理责任主体的责任目标

科技伦理责任主体的责任目标，就是科技活动主体在科技活动中履行科技伦理责任、实施科技伦理责任行为的目的和动机，它也是科技伦理不断推向前进的动力与方向。由于科技活动主体在精神境界及其生存状况上存在千差万别，他们在科技活动中实施具体的责任行为的动机和目的就可能不尽完全相同，有些行为可能是他们科技伦理规约下的利他向善行为，有些行为可能只是他们正当谋生的手段。不论何种责任行为，从总体而言，他们的终极目标都应当是使科技不危害人类，造福于人类，实现科技伦理的最终旨归，即协调平衡的自然生态、活力和谐发展的社会和自由全面发展的人。但从微观角度具体而言，科技伦理责任主体的责任目标应该分解为以下几个方面的内容：

第一，促进科学技术进步。提出并强调科技伦理责任，目的绝非是要取消科技自由探索和科技合理应用，更不是要抑制科技的发展，而是为了最大限度地减少科技的负效应，使科技既快速发展而又不影响自然、社会和人健康发展。因此，科技伦理主体的责任目标首先还是要保障促进科技进步，而绝不是让科技发展停滞不前。科技伦理责任要体现为科技的发展及应用提供必要的规范和调节机制，但不是阻碍和抑制。科技知识给人类带来的一切危害都不是科技进步本身的过错，但科技方法、科技活动、科技成果以及成果的运用，明显体现或渗透着社会文化和伦理道德的因素，科学所能够做到的并不一定是伦理上所应该做的。科技伦理是要保障这种"应该"，而不是消灭这种"能"，相反是要尽可能促进人们认识客观规律、认识真理，发展社会生产力。实践也充分证明，必要的适当的伦理责任约束非但不会背离科学自由的原则，阻碍科技进步，反而会促进科学技术更加健康快速发展。比如，充分重视对科技人员进行伦理责任的教育，大力倡导科技伦理意识，并从立法的高度保护知识产权，打击高科技领域的犯罪，遏制高科技人员不道德行为对社会所产生的不良影响。这些科技伦理责任行为的实施，无疑将对科技的进步与发展起到巨大的推动作用。

第二，引导科技行为的道德选择。科学技术实践活动是一种道德实践活动，科技的社会后果反映了科技活动实践者对伦理责任的认同和选择。每一个科技活动实践者都有自己选择某一科技行为的相对意志自由，这就使科技行为的道德选择问题现实呈现在他们面前。科学技术负效应的产生与科技活动实践者从事科技行为时的道德选择有直接或间接的关系。在市场经济和新科技革命的浪潮背景下，部分科技活动实践者可能会受利益的影响，其科技行为的道德选择表现出了恶意违背科技伦理责任的不良倾向。科技伦理的一个重要责任目标就是帮助科技活动主体树立起对人类、对社会、对自然高度负责的科技伦理意识与观念，让高度的科技伦理责任心与责任感成为影响科技活动主体行为选择的内在因素，让他们拒绝科技行为的非道德选择，在从事科技活动时自觉选择与科技伦理要求相一致的道德行为。科技行为只有进行了这样的道德选择，才能实现科技伦理的最终旨归。

第三，提升科技行为主体的责任伦理观。科技实践活动的行为主体是具体的、历史的、现实的人，具有特定的价值观和利益观，他们在自己科技实践活动中行为的选择都受其价值观、利益观的支配。换句话说，他们之所以做出这样或那样的选择，背后都隐含着与之相应的责任伦理观。只有按照正确的责任伦理观来选择科技行为，才能保证其选择的正当性和正确性。没有正确的责任伦理观作为指导和约束，正当正确的科技行为选择将难以实现。科技伦理的重要责任目标就是提升科技实践活动主体正确的责任伦理观，让每个科技实践活动主体在观念深处刻上责任伦理的烙印，强化其社会责任感，引导科技实践主体获取一种更符合人性、更具有价值合理性的行为方式。

第三节 科技工作者的科技伦理责任

当今的科学技术是已经被社会建制化了的"大科学"，科学技术研究正在逐渐职业化和组织化，科技工作者也随之从其他社会角色中分化出来，成为一种特定的社会角色，集合为有形的或无形的科学技术共同体。这里科技工作者指的是广义上讲的包括科学家、技术专家、工程师在内所有从事科学技术研究和推广、技术工程设计创新等科技实践活动的职业研发设计技术人员。当我们将科学技术建制化以后放到社会系统中考察的时候，科学技术工作者的职责就不再仅仅是研发确证无误的知识和高效方便的技术，其更为重要的目标是，为人类谋取更大的福利，且前者不得有悖后者之要求。因此，科学技术工作者在科技实践活动中的责任成为对科学技术进行全局性伦理考虑的一个重要方面，而以科技责任伦理为核心内容的科技工作者的职业伦理规范，也得以广泛地建构。

一 科技工作者伦理责任问题的提出和发展

在理论上最早明确提出科学家的伦理责任问题的时间是20世纪30年代，当时是以贝尔纳、李约瑟、C. P. 斯诺等人为代表的一批英国进步学者提出的。贝尔纳曾解释道："过去20年的事态不仅仅使普通人改变了他们对科学的态度，也使科学家们深刻地改变了他们自己对科学的态度。"[①] 他认为19世纪末20世纪初的科技革命迫使科学家更加深入地去考虑他们自己信念的根本基础，经济危机、苏联建设、法西斯主义备战等这些来自外界的激烈事件终于打破了科学家的平静心境，并且强迫他们比以往更认真地考虑自己在社会中的地位和职能。贝尔纳明确表示："他们再也无法不受外界力量的影响。对所有各国的科学家来说都一样，战争就意味着把他们的知识用来为直接的军事目的服务。经济危机直接影响到他们，使许多国家的科学进展受到阻碍，并使其他国家的科学事业受到威

[①] [英] J. D. 贝尔纳：《科学的社会功能》，陈体芳译，商务印书馆1982年版，第34页。

胁。最后，法西斯主义证明，虽然人们本来认为迷信和野蛮行为已经随着中世纪的结束而绝迹了，但是现在，就连现代科学的中心也可能受到迷信和野蛮行为的波及。"①

其后，著名美国科学社会学创始人默顿（Robert King Merton）运用结构功能主义理论，把科学作为社会的一个子系统研究，讨论了科学精神气质与科学共同体以及它们之间的关系，提出构成科学共同体社会结构的规范标准。默顿认为，公有主义、普遍主义、无私利性、独创性和有条理的怀疑主义等作为惯例的规则构成了现代科学的精神气质，这些精神气质决定了科学建制内的理想型规范结构。英国科学社会学家齐曼（John Ziman）提出了所有者的（proprietary）、局部的（local）、权威的（authoritarian）、定向的（commissioned）和专门的（expert）五条标准技术社会规范特征。②他认为技术是不一定公开的所有者知识，它往往集中在局部问题而不是总体认识上，技术管理者是在管理权威下做事而不是为个体做事，他们的研究被定向到实际目标而不是追求知识，他们作为专门的解决问题人员被聘用而不是由于个人的创造力。默顿和齐曼分别提出的关于科学和技术的社会规范标准是关于科技伦理责任规范的奠基之作，是科学技术社会规范最基本和最经典的内容，成为很多科学技术工作者现实行为的重要参照系。但在同时也引发了很大的争论，一是默顿企图依靠科学或技术的社会规范内化于科学家的意识中的"良心"和"超我"，起到有效的规范作用，但在功利和求知双重目标并行的大科学时代，除了诉诸科学技术工作者个体的内在道德自律，还必须强调外在的具体伦理责任。而齐曼仅仅是总结了技术的社会规范特征，仅仅为规范的具体化提出了方向性的思路而已，对于社会规范本身还没有触及；二是因为当前科学技术的发展呈现一体化趋势，科学和技术界限正被模糊，科学技术投入实际应用的时间缩短，纯科学与应用科学之间的界线限日益模糊。"今天的纯科学发现，明天就可能找到了应用途径，下星期就变成日常生活的一部分"，③因此，与之相应的科学和技术的伦理规范的分野也越来越不明显，需要构建新的具体的科技伦理责任体系来进行解释和规范科

---

① ［英］J. D. 贝尔纳：《科学的社会功能》，陈体芳译，商务印书馆1982年版，第522页。
② ［英］约翰·齐曼：《真科学》，曾国屏等译，上海科技教育出版社2002年版，第95页。
③ 胡启恒：《科学的责任与道德——必须重视的问题》，《中国教育报》1999年11月21日第3版。

技工作者的科技行为。

在实践中真正引发科学技术工作者和全社会都来关注"科技工作者伦理责任"问题的事件是美国曼哈顿工程计划和日本广岛和长崎的原子弹爆炸。1941年,美国正式启动曼哈顿工程计划。曼哈顿工程的主要负责人奥本海默曾指出,科学技术专家参加曼哈顿工程的主要原因是多方面的:首先是害怕希特勒制造出原子弹,感觉同盟国没有原子弹可能不会赢得战争的胜利;其次是好奇心和冒险意识,既然在理论上制造原子武器是可能的,他们渴望看看实际上会是什么样子;再次是希望原子武器会导致合理地解决当前和未来的全球冲突。[①] 可见,大多数科技专家是在正义感和好奇心的双重作用下,怀着复杂心理动机参与曼哈顿工程的。然而在研制原子弹过程中,科学技术专家们逐渐发现该项研究对人类社会的威胁和可能的潜在后果,许多参与的科学技术专家由于良心的责备曾举行过几次讨论会。在芝加哥以弗兰克教授为首的一些参与曼哈顿工程计划的科学家草拟了一份报告,警告政治家说,如果真的使用核武器,那么对今后持久和平的建立就构成巨大威胁;英国物理学家罗特布拉特甚至退出了该项研究。但这些有"良心发现"的科技专家的意见最终没能成为主流意见,大多数人还是认为:"科学家不应该对社会有益地或有害地利用他的成果承担责任,他仅对自己的工作或成果的科学价值负责。"[②] 最终在政治家的鼓动谋划下,原子弹研究计划得以成功实施。

1945年8月,原子弹以其难以置信的毁灭力量攻击了日本的广岛和长崎。就在对长崎投掷原子弹的第二天,日本不得不接受《波茨坦公告》宣布投降。日本虽然投降了,但原子弹的爆炸造成的危害震惊了科学技术界。奥本海默对广岛和长崎所遭到的巨大灾难深感内疚,奥本海默面对核爆炸的巨大威力,引用了印度古诗中的名句来表达自己的感想:"如果一千个太阳在天空一起放光,人类就会灭亡,我似乎成为死神,成为世界万物的毁灭者!"在以后的岁月里,这位被人们称为"原子弹之父"的科学家成为反对核武器运动的积极倡导者。最初建议开展原子弹研究计划的著名科学家爱因斯坦也为他的签字感到后悔:"如果当时我知道德国不可能制造出原子弹的话,那我连手指头都不会动一动",他还说:"大多数科

---

① 叶继红:《科学家的社会责任——以"曼哈顿计划"为例》,《科学学研究》2001年第12期。

② 胡文耕:《科学前沿与哲学》,中共中央党校出版社1991年版,第41页。

学家都充分意识到了他们既作为学者又作为世界公民的责任……我们科学家也必须拒绝屈从它的邪恶要求,有一条不成文法,那就是我们的良心,这是华盛顿制定的任何法案也束缚不了的","在我们这个时代,科学家和工程师担负着特别沉重的道义责任。因为发展大规模破坏性的战争手段有赖于他们的工作和活动。虽然我们赢得了战争,但是没有赢得和平"①。德国科学家玻恩也表示,"科学的作用和科学的道德方面已经发生了一些变化,使科学不可能保持我们这一代所信仰的为科学本身而追求知识的古老理想。我们曾确信这一理想绝不可能导致任何邪恶,因为对真理的追求就是善的。那是一个美梦,我们已经从这个美梦中被世界大事惊醒了。即使是睡得最熟的人,在第一颗原子弹掉在日本城市时也惊醒了"。②

在广岛、长崎事件之后,美国科学家成立了"美国科学家联合会"和"科学的社会责任协会",并创办了《原子科学家通报》杂志,致力于将科学发现用于社会建设。自1946年以来,这份杂志一直定期出版,受到众多读者欢迎。它成功地提出了种种科技工作者和社会的关系问题,不仅影响了科学技术专家,还影响着政府、企业界、知识界以及其他社会人士。1946年7月,包括美国和中国在内的14个国家科学家协会的代表和观察员在英国伦敦举行首次聚会,成立了世界科学家协会。明确地把"充分利用科学,促进和平和人类幸福"作为协会宗旨。这是第一次世界性的科学家组织会议,也是第一次世界范围内讨论科学家的社会责任的会议。1955年,三位著名的科学家宣言相继发表。4月12日,18位联邦德国的原子物理学家和诺贝尔奖得主联名发表《哥廷根宣言》。7月9日,英国著名哲学家罗素(B. Russell)在伦敦公布了由他亲自起草、包括爱因斯坦在内的其他10位著名科学家联名签署的《罗素—爱因斯坦宣言》。7月15日,获得诺贝尔奖的52位世界级科学家会聚德国博登湖畔,联名发表了《迈瑙宣言》。三个宣言的宗旨和语气非常相似,都警告使用核武器的核战争将给人类带来毁灭性灾难,敦促各国政府放弃以武力作为实现政治目的的手段,表达了科学家强烈的社会责任感。

特别是在《罗素—爱因斯坦宣言》发表后,还促成了一个国际性会议——帕格沃什科学与世界事务会议,引发了一场著名的科学家国际和平

---

① [美]内森、诺登:《巨人箴言录——爱因斯坦论和平》,李醒民、刘新民译,湖南出版社1992年版,第246页。
② [德]玻恩:《我的一生和我的观点》,李宝恒译,商务印书馆1979年版,第98页。

运动——帕格沃什运动。帕格沃什会议的基本原则是：科学家仅仅作为个人参加会议，既不代表某个组织，也不代表某个国家和政府，以利于参加者无拘无束、随心所欲地交换思想，彼此达成理解和信任；自然科学家、人文社会科学家与政府决策人密切合作，从多学科、跨专业角度探讨如何解决由于科学技术的发展导致的复杂问题；远离新闻媒体的视线，以保持会议的非正式与非官方性，为会议参加者营造一种有助于互相信任和坦率对话的气氛；寻求赞助多元化，由各国帕格沃什小组轮流主办会议，防止在经费上受制于人，以保持独立性和客观性。1955年7月第一次"帕格沃什会议"的第三委员会专门讨论科学家的责任，在公共政策、人类安全、青年教育、国际合作、思想自由等方面达成11点共识，主要结论是：科学家在他们的专业工作之外最重要的责任是尽力去阻止战争，帮助建立一种永久而普遍的和平；他们可以通过向公众宣传科学的破坏性和建设性潜力来做贡献，也可以利用帮助制定国家政策的机会来发挥作用。1958年，有70位著名科学家在第三次帕格沃什会议发表宣言，即著名的《维也纳宣言》，明确指出：由于科学家具有专门的知识，使科学家们能够预见到由自然科学的发展所产生的危险性，并能清楚地想象出同自然科学发展相联系的远景，因此，科学共同体对解决我们目前最紧要的问题具有特殊的权力，同时肩负着特殊的责任，科学家有责任考虑到科学给人类提供的正反两方面作用的可能。从召开首次帕格沃什科学与世界事务会议至今，总共举行了近60届帕格沃什会议年会，会议形成了丰富的有关科技工作者伦理责任的认识成果。帕格沃什会议早就发展成为经久不衰的科学家国际和平运动，也成为讨论科学技术工作者科技伦理责任的最好平台。时至今日，科技工作者负有科技伦理责任已成为科学技术共同体和全社会的共识。

二 科技工作者伦理责任的主要内容

科技工作者只懂得科技知识本身是不够的，还应该把关心人的本身当成一切科技奋斗的主要目标，要保证科学技术成果会造福于人类，而不是成为祸害。虽然科技工作者不是唯一的科技伦理责任主体，但作为科学技术的研发创造者，科学技术工作者是科技实践活动的发端与起源，应该是科技伦理的首要责任主体，承担着不可取代的科技伦理责任。他们应当承担的科技伦理责任是多方面的。具体可以概括为以下几个方面：

（一）科学技术研究和开发的伦理责任

科学技术研究和开发是科技工作者最本职的工作要求，科技工作者是科学技术知识生产和开发的源头动力加工工厂。一个科技人员在科技生产和发展的实践活动面前做出何种选择至关重要。一项科技研究是做还是不做？诚实地去做还是草率地去做？是能用还是不能用？这样用还是那样用？这很大程度上就取决于科技人员的伦理道德责任标准。

首先，科学技术工作者应该在研发过程中负有"求真"和"求实"的道德责任。科学技术最基本的价值追求就是"求真"与"求实"，只有在"求真"与"求实"基础上才能"求善"。科学专家应该首先追求客观真理，技术专家应该首先追求高效实用。勇于探索真理、造福社会历来被视为科技专家的天职，只有当科技工作者认定自己所从事的科技开发是一项人类伟大的事业，并且愿意为这一伟大事业奋斗终生，他们才会得到创造的最大动力。著名科学家居里夫人的科技实践就很好地诠释了这一伦理责任，她能在极其困难艰苦的条件下克服重重障碍发现放射性元素，根本动力就来源于其探索真理、造福社会的强烈价值追求。当有人劝她申请专利时，居里夫人却详尽地公布了提取镭元素的方法，放弃利用它来为个人谋取私利。爱因斯坦为此赞叹道："第一流人物对于时代和历史进程的意义，在其道德品质方面，也许比单纯的才智成就方面还要大，即使是后者，它们取决于品格的程度，也远超过通常所认为的那样。"[1]

科技建制化的今天，虽然很多科技工作人员把从事科技生产开发作为谋生手段，工作本身带有"功利性"色彩。但在"谋生功利"的同时，还必须首先树立高度的科技荣誉感，把对客观真理与高效实用的追求和对金钱与权势等功利性追求结合起来，把"荣誉感"与"功利性"作为科技研发的双重动力。甚至在某些特定条件下，应该降低或抛弃对金钱和权势等功利价值的追求，把追求科技进步、追求真理与个人幸福联系在一起，勤勤恳恳、兢兢业业地从事科研开发，为人类的文明进步做出贡献。当然我们不可否认，当科学技术专家通过个人或集体的不懈努力，在科学技术上做出原创性贡献时，合理、适当的物质利益、名望、地位等随之而至是应该的、必要的，这是对科学技术专家们所做出的科研成果的认可和鼓励，但是如果科技工作者只是为了名望、地位或物质利益而从事科研事

---

[1] ［美］《爱因斯坦文集》第1卷，许良英、范岱年译，商务印书馆1983年版，第186页。

业，甚至为了这些不择手段的话，就是道德伦理责任所不允许的。

其次，科技工作者在科技研发的同行竞争中应负有"诚实"和"公平"的道德责任。科技研发工作很大程度上也是一项激烈竞争性工作，科技评价非常重视科技成果研发的优先性。甚至有人说科学技术竞争比田径场上的赛跑还要激烈，对技术而言还有优劣之分，而对科学而言只有第一，没有第二。而且，科技成果评价与其他评价不同，往往是同行评议，非同行由于知识领域局限很难参与评价意见。面对如此激烈的竞争和同行评议现实，更需要严格的规则和规范保障竞争和评价的公平公正，科技工作者更应该自觉负有诚实竞争、公平竞争、公正评价的道德责任。任何科学技术研发中的非诚实和非公平行为，不仅损害科技进步，而且侵蚀科学技术事业的基本价值。任何个体或集体涉及非诚实、非公平的科技竞争，都是将其科学技术生涯置于危险境地。

比如，臭名昭著的"卡尔丹诺公式"事件就是对此最好的注解。"卡尔丹诺公式"本来是数学家塔尔达利亚发现建立的，然而几百年来却一直冠用盗骗他人科研成果的卡尔丹诺大名。事实上出身寒微自学成才的数学家尼古拉·塔尔达利亚经过多年刻苦研究才最终找到了数学上三次方程式的新解法，而卡尔丹诺采取欺骗手段获取了他的科研成果，然后采用弄虚作假、移花接木手段自己署名在杂志上发表了这一成果，后来为掩盖罪行收买亡命之徒残酷地暗杀了塔尔达利亚，在庄严的科学面前扮演了丑陋的角色，虽欺骗世人逞一时之能，但最终成为千古罪人，遭万世唾骂。

2005年年底，韩国学者黄禹锡因论文造假事件同样身败名裂，他被称为"在英雄与骗子间失去自我"。事实上黄禹锡在研究过程中采集了两个女研究生的卵子，并用金钱购买了部分卵子，这就背离了《赫尔辛基宣言》等公认的人体试验研究的伦理规范。虽然这件事早在2004年就披露出来了，但黄禹锡却矢口否认，信誓旦旦地表示他所做的一切都完全符合伦理。既然这样的事他都当众说谎、坚持说谎，人们自然要怀疑他是否诚信、他的成果是否真实可靠，事后经过调查果然揭穿了他在胚胎干细胞研究中的弄虚作假行为。经查，黄禹锡11个干细胞的实验数据中，有9个系伪造。黄禹锡研究小组2004年发表在美国《科学》杂志上的干细胞研究成果与其2005年发表的论文都属于造假，除了成功培育出全球首条克隆狗外，黄禹锡所有"独创的核心技术"无法得到认证，彻底终结了"黄禹锡神话"。令人遗憾的是，直到此次事发，黄禹锡表示才刚刚知道有规范人体试验的基本文献《赫尔辛基宣言》。一个长期从事人体试验研究的"领军"人物，竟然不知道《赫尔辛基宣言》，其科技伦理知识和科技伦理意识的缺乏可见一斑。

（二）科学技术评估和决策的伦理责任

科技工作者往往掌握了丰富的专业科学技术知识，他们比其他人能更准确、全面地预见这些科学技术知识的可能应用前景，有较准确地预测评估有关科学技术的正面与负面影响的先天优势，因此，在各种利益面前，他们有责任公开表达自己的意见，给科学技术应用决策提供合理化建议。科学技术评估就是采用科学的方法从各个方面系统地对相关技术的利弊得失进行综合评价的活动。作为与科学技术问题有关的社会宏观决策活动和一种政策研究形式，科技评估的主要目的是要系统地确定科学技术在开发、引进、扩散、转移、改造和社会应用等诸多环节中可能对社会产生的影响，并对这些影响及后果进行客观公正的评价，为决策提供咨询和建议，以便引导科学技术朝着趋利避害的方向发展。科学技术专家应该在提供决策咨询时毫不避讳地指出科技成果可能带给社会和人类生活的负面影响，以供政府、企业或者公众做出适当选择或调整，科技工作者本身也应该尽力避免承担有悖于人类文明前进、有损于自然环境与人的发展的科学技术研究，或者，在科研过程中力求使设计更加完美，减少可以预见到的负面效应。当然，这也向科技工作者提出了更高思维专业素养和伦理素养方面的要求。

美国著名女海洋学家雷切尔·卡逊就是这样一名敢于负责的科学家，她被称为"一个勇敢的生态斗士"。卡逊曾供职于美国联邦政府所属的鱼类及野生生物调查所，她积极介入社会，推动生态保护，希望从根本上改变民众对自然的傲慢态度，重建生态意识和生态文化。1962年她所著的《寂静的春天》一书出版，猛烈抨击了滥用DDT杀虫剂的问题。她严峻地指出，广泛使用类似DDT杀虫剂这样的化学药品会对人类健康和地球环境产生严重危害，会引起严重的生态破坏，其结果将是春天不再有蓬勃生机、万物复苏，没有燕子的呢喃、黄莺的啁啾，而是一片死寂。这部作品的出版和发行引起了强烈反响，特别是引起来自化学工业界、农场主、杀虫剂产业的支持者等群体的愤怒，许多人攻击其危言耸听，结论不真实、偏执。但是，卡逊面对如此强大的批评、攻击和诬陷，以异常坚强的毅力和无可辩驳的论据赢得了公众的尊重。美国总统科学顾问委员会也很重视卡逊的观点和意见，成立了一个特别专家小组来调查这个问题。经过调查听证，专家小组做出一份报告，基本上证实了卡逊的观点，并且得出结论：大力依靠杀虫剂来消灭某些害虫的想法不仅不现实，而且还有害于生态，减少使用具有持久性毒性的杀虫剂应该是我们的目标。当时在任的肯尼迪总统就此事专门签发了一份报告，要求有关部门执行这些建议。卡逊以她自己的方式、独特的精神气质和人格魅力影响了整个社会，作为科学技术工作者都应该具有像她这样的高度自觉的责任感承担起科学技术评估与决策的伦理责任。

（三）科学技术普及与传播的伦理责任

科学技术普及和传播具有经济、教育、文化、政治等诸多社会功能，在推动社会和经济发展上一直占据重要地位。大力加强科学技术普及和传播，对于引导人们树立正确的世界观、人生观、价值观，增强全社会的科学意识，提高全民族科技文化素质，激活全体劳动者的创新潜能，使更多的科技成果得以广泛的应用，使科学思想在全社会广泛地传播，倡导积极向上的先进文化和科学、健康、文明的生活方式，从根本上铲除愚昧迷信等腐朽落后文化赖以存在的社会基础等，都具有重大的现实意义和深远的历史意义。由于在现实社会生活中，人们通常会把对科学技术的信赖与对科学技术专家的信任等同起来，科学技术专家在公众心目中拥有较高的知识权威形象，在有关科学技术的是非困惑面前，常常听从科学技术专家的意见，由科学技术专家来裁决。这就要求科学技术工作者比其他全体更应该承担科学技术普及和传播的工作责任及与之相应的伦理责任。科技专家在普通传播过程中要充分体现科学精神，弘扬科学精神，坚持真理，实事求是，热情周到、准确及时地向公众普及和传播科学技术的知识、科学精神气质及其可能产生的社会影响。早在1958年9月召开的第三次帕格沃什会议上，代表们就曾一致认为：科学家应在力所能及的范围内对公众进行启蒙教育，使其了解科学的破坏性和创造性潜力。在会议签发的《维也纳宣言》第七部分中明确指出："我们认为，世界各国的科学家均有责任，通过让民众广泛理解由自然科学之史无前例的增长所带来的危险和提供的潜能，而在民众教育方面做出贡献。我们吁请各地的同行，通过启发成年群体或者通过教育正在到来的后代，而为此不懈努力。特别是，教育应当强调改进人与人之间的各种关系，并且在教育中应当消除任何形式的对战争和暴力的夸耀。"① 时至今日,科学技术工作者除了精心研发,能在某一领域取得公认的科学技术成就以外,还应该承担普及与传播的责任,精心设计、正确表达,通过学校课堂、社会讲座讲授或出版著作、开设网络论坛等多种形式,以对知识的客观性和对未来潜在影响高度负责的精神传授给受教育者和公众。

第四节 政府及科技管理者的科技伦理责任

科学技术建制化进入"大科学、高技术"时代之后,科学技术已经具有社会性的运行结构和运行方式,科学技术不再是单一个体或小团体仅凭个人喜好而进行的探索活动。当前所有科技活动都需要强大的物质基础、昂贵的仪器设备、大型的科研院所和实验室、庞大的以科技为职业的研究队伍,而这些都需要政府及其科技管理者进行良好的组织协调,以便保障科学技术的正常运行。由于政府及其科技管理部门在科研资金、资源和权力方面拥有绝对优势,所以它们能对科学技术工作者的科技行为产生重大影响甚至有决定性的作用。事实上,当今世界各国都将发展科学技术、推广和应用科学技术上升为一种国家行政行为了,政府通常会运用经济、法律特别是政策手段来引导科技创新方向、规范企业科技创新模式、调整科技资源配置,对本国科学技术进行规划和管理,对其整体的发展规模、方向、速度等进行全方位的宏观调控。因此,政府及其科技管理部门作为科技发展中重要的参与方和决定者,它们理应负有相关的科技伦理责任。

一 推进科技创新,积极应对科技革命冲击的伦理责任

在以国家为中心的治理结构下,政府是执政党建立在国家基础上的行政代言人,没有国家强大的综合国力做后盾,就不可能有执政的雄厚物质基础和牢固的群众基础,就不可能有巩固的执政地位,甚至不可能生存发展。而"科技创新能力,已越来越成为国际综合国力竞争的决定性因素,越来越成为一个民族兴旺发达的决定性因素。在激烈的国际科技竞争面

---

① 刘华杰:《科学家的责任:〈维也纳宣言〉》,http://blog.sina.com.cn/s/blog_485ea8790100045m.html。

前,只有坚持创新才能不断前进,只有不断前进才能始终掌握主动"。①
因此,任何一个执政党组成的政府都必须致力于推进国家科技创新、增强
国家科技综合实力,这一点至关重要。政府及其科技管理者首先要想方设
法调动全社会科技创新力量的积极性,鼓励企业成为科技创新的投入主
体,鼓励科技工作者发挥聪明才智,激发科技工作者创新动力,保持全社
会旺盛的科技创新活力。另外,现代科技革命不仅是生产力革命,也是管
理革命和知识革命。② 它对社会的冲击影响是全方位、多维度的。现代科
技革命过程中,科学技术必然与社会结构中的经济、政治和文化子系统发
生相互作用,最终必然促使社会结构转型进而推动社会转型。政府应对科
技革命对社会的冲击,就是要认清科学技术未来的发展趋向,把握科学技
术的发展对社会经济、政治、文化等各方面的影响,把握科学技术发展造
就的新时代的新要求,适时调整经济、政治、文化体制来保证生产力与生
产关系、经济基础和上层建筑的协调发展,保证科技、经济、社会的协调
发展,真正构建和谐社会。

二 规范科技发展,防止科技成果滥用的伦理责任

科学技术是人类创造的而不是自主的非人类的东西。③ 在某种特定意
义上讲,科学技术本身是没有任何价值负荷的中性客体,但是它可以通过
主体的社会实践活动表现出其蕴含的价值。④ 近代以来,科学技术的发展
为人类社会带来了高度发达的物质文明和精神文明的同时,也引发了一系
列的困惑,诸如战争武器问题、环境污染和生态破坏问题、克隆技术伦理
问题等。作为政府及其科技管理部门,仅仅具有旺盛地推进科技创新的能
力和责任感还不够,还应该敏锐地应对科学技术对传统伦理的冲击,赋予
科技创新正确的价值负荷,规范发展和合理应用科学技术,引导科技创新
的正确方向和科技成果的正确使用。比如,政府及其科技管理部门在科研
立项、项目资助范围方面就需要做到既保证科技迅速发展,又对可能发生
的科技风险有充分的预案准备。还有,在产业发展、成果管理与控制上政
府及其科技管理者更需要发挥其主导作用,通过科技立法和科技政策引

---

① 江泽民:《论科学技术》,中央文献出版社2001年版,第110页。
② 刘大椿:《现代科技革命与社会变革》,《中国社会科学》2001年第1期。
③ 刘海波:《国运所系——科技战略大抉择》,江西高校出版社2002年版,第1页。
④ 曹南燕:《科学技术:蕴含价值的社会事业》,《清华大学学报》(哲学社会科学版)
2002年第6期。

导、鼓励有利于资源环境保护的先进技术的应用,淘汰落后的技术和设施,把握什么时候应该重点和优先发展哪个领域的科学技术,把握什么样的科学技术应用在什么样的社会领域,最终要保证科技创新和科技应用的目的是促进地区、国家、人类社会的和平与发展。

三 完善科技体制,平衡各方科技利益的伦理责任

科学技术实践活动涉及多方利益,政府及科技管理者作为最重要的利益关系协调方,应该注重兼顾科技实践活动中的眼前利益与长远利益、个体利益与集体利益、个体与个体之间利益的协调,公平公正保障各方的正当利益诉求。政府及科技管理者应以保障社会公众利益优先为最高原则,充分考虑各方利益关系,在制定科技法律、科技发展规划、科技发展管理目标时,综合考虑国家的或社会集团的利益和全球及整个人类社会整体的、根本的利益,尽可能避免或减少有利于一部分人而对另外一些人形成负担或损害的科技活动,将促进科技创新与促进社会公平结合起来,将现实利益与人类的未来发展统一起来。当今知识经济时代,科学技术与社会公平公正问题联系紧密起来。科技资源的分配、知识产权的保护、税收政策的倾斜的不适宜都有可能会加剧社会不平等。同时,政府及其科技管理者还应该促进科技研究及其成果的公平分配,积极鼓励发展有利于贫困人口和弱势群体的生存和发展的科技项目,最终促进社会公平的实现。特别是在重大科研项目的决策、管理活动中,必须对人民负责、对社会负责、对自然负责,要求决策的最优化,确保决策的系统性、科学性、实效性,避免主客观原因影响科学决策,确保科研资源公平分配,科研评价透明公正,科研成果公平共享。这需要政府及其管理者积极完善科技立法、科技政策和科技管理体制,构建公正、完备的科技制度伦理体系和科技伦理道德审查监督机构。

第五节 企业家和公众的科技伦理责任

企业家是科技产品的生产决策者,公众是科技产品的消费决策者,二者都想利用科学技术成果满足自己的需求。企业家企图更多地运用科技成果获取企业利润,而公众更多地期望利用科技成果改善生活。可见,在当今社会不论是企业家还是公众都深刻参与进科技实践活动的应用环节,他

们的生产选择和消费选择倾向会直接影响科学技术效应的发挥。

一 企业家的科技伦理责任

在成熟的市场经济条件下，企业往往成为科技创新的投入产出主体，也是科技成果的直接应用主体。基于竞争背景下追求利润最大化的目的，企业特别渴望得到科学技术成果的支撑来组织生产经营，用新技术和新产品赢得市场、赢得消费者。但是，科学技术是把双刃剑，新技术和新产品在给人们带来便利的同时，也有可能存在一定的隐患，有的产品可能对社会影响巨大，对自然资源和环境有巨大的破坏作用。还有的技术产品可能被用作非法用途，谋取不正当利益。因此企业家一定要增强科技伦理意识，对科技产品的应用和对社会未来承担科技伦理责任。

首先，企业家应该树立一种技术忧患意识，在选择技术应用时，应组织企业对选择使用的技术进行全面评估与衡量，防止技术被滥用，要在满足公众和社会正当需要基础上追求自身的收益。企业一旦选择技术应用，其生产的技术产品往往是规模化的，规模化的技术产品一旦流入市场，对社会的影响范围和程度是可想而知的。有的企业追求一项科研成果投放市场的时间，可能直接将不成熟的科技成果投放市场，以求利润的最大化，从而导致负效应的产生。因此，在企业生产技术选择之前一定要谨慎选择，严格进行技术评估和技术预测，对于可能会给社会带来不利影响和对未来发展带来隐患的技术，即使利润再丰厚，也要做到不受暂时利益的诱惑，防止新技术的滥用和不成熟的技术过早进入市场。

其次，企业家应该树立一种技术责任意识，在技术研发投入和影响政府科技管理决策时，应该体现社会责任感，保障科研资源分配的公平和科技制度的公正。目前政府力推产学研一体化，很多实验室和研究所是与企业直接挂钩，很多科学技术专家成为企业专职研发职员或者兼职直接承担企业的技术研究工作。此时企业及其管理者往往成为科技研发资源的分配决策者，他们应该承担合理分配科研资源的责任；还有一些企业由于其强大的经济力量可能会影响政府的科技管理思路和决策，此时他们不能一味谋求自己在市场竞争中的有利地位而导致科技制度体系的不完善和不公正。企业及其管理者应该为政府科技管理决策和建立公正的科技体制提供合理化的建议。

二 公众的科技伦理责任

任何时候，人民群众都是社会实践活动的主体，考虑任何社会问题，公众都是其中必须考虑的一个强大社会因素。公众的支持意味着无比强大的动力，而公众的反对则体现着无比强大的阻碍。公众的价值偏好和消费倾向对科技实践活动有相当大的影响力。科学技术能否最大限度的发挥正效应而避免负效应，很大程度上取决于公众的科技素养培育和科学文化的滋养，取决于公众的科技伦理自觉。公众的科技伦理意识与伦理自觉一方面能促进科学技术迅速发展，促进社会文明取得巨大进步；另一方面还能有效保护自身不会受到伤害。

首先，公众有理解科学技术及其活动本质、学习必要的科技知识和树立正确的科技价值观的伦理责任。19世纪以后，由于科学技术的高度专业化与专门化，使得科学技术与公众之间的距离不断扩大。有一部分公众疏于对必要科技知识的学习，不理解科技实践活动的本质，开始怀疑科学技术研究对人类的利益和价值。公众与科学技术之间的这种"隔阂"，加深了公众对科学技术的误解和对立，容易导致有些正常的科学技术研究得不到支持，有些正确的科学观念得不到普及和传播。如此一来，大量有欺骗性的、宣传迷信的伪科学在社会上开始占有市场，一些不法之徒以科学的名义贩卖迷信、牟取暴利，从而损坏了科学技术的本来面貌，严重影响了公众对科学技术的理解。美国科学家库尔茨在《科学》上曾经尖锐地指出："据说我们正生活在'新时代'中，与天文学并驾齐驱，存在着向占星术的回归；与心理学相伴随，存在着心灵研究和超心理学的增长。超自然现象肆虐，科幻小说无边；超自然世界观的兴生，与科学世界观相对抗；伪科学提供的是在大众思维中与真科学相对抗的其他解释，而不是经过检验的因果解释"[①]；在中国也曾经发生过广为人知的伪气功、人体特异功能、"水变油"等欺诈公众的伪科学事件，诸如此类的现象令人触目惊心。这种反科学和伪科学思潮的泛滥恰恰反映了公众科技伦理自觉的缺乏，必然会严重损害科技创新发展和社会文明进步。美国前总统克林顿在《为了国家利益发展科学》的政策报告中指出："具备科学知识是理解和欣赏现代世界的关键"，[②] 现代科技社会中的公民只有掌握必要的科技知识，理解科学技术活动本质，才能正确发挥作为生产者、消费者和选民的

---

① 库尔茨：《反科学思潮的增长》，载何祚庥主编《伪科学曝光》，中国社会科学出版社1996年版，第380页。
② 克林顿、戈尔：《科学与国家利益》，曾国平、王蒲生译，科学技术文献出版社1999年版，第87页。

作用，才能参与政府及其他决定者的决策讨论，提供自己的正确意见，最后促进科技创新与社会文明进步。

其次，公众有通过参与科技实践活动进行科技知情、科技监督和科技决策的伦理责任。在高科技迅猛发展、风险不确定性持续增加的时代，公众的科技知情、监督与决策既是一项权利，也是一份责任。公众对于涉及其切身利益的科技创新活动的知情、监督和决策是通过公众参与科技实现的。为了促使公众的科技知情、监督和决策的深入，必须不断提升公众参与高科技的层面。要进一步鼓励社会公众理性选择科技产品消费，鼓励公众对新的或可能出现的科学技术所涉及的伦理价值问题进行广泛、深入、具体的探讨，使支持方、反对方和持审慎态度者的立场及其前提充分地展现在公众面前，然后采取层层深入地讨论和磋商对新科技在伦理上可接受的条件达成一定程度的社会共识；同时还要让公众的科技实践参与不再局限于理解科技活动的内涵、评价科技成果或科技项目的利弊，而是要让公众参与到具体的科技创意的形成、科研计划的制订乃至具体的创新活动之中。正如著名责任伦理学者汉斯·尤纳斯所指出：我们大家都是人类集体行为的参与者，都是这一集体行为所带来成果的受益者，现在，义务则要求我们自觉地节制自己的权力，减少我们的享受，为了那个未来的我们眼睛看不到的人类负责。

第三章 客体域：自然生态伦理与环境正义

"客体"在哲学上通常指主体以外的客观事物，是主体认识和实践的对象，是与主体相对应的存在。英文中的"客体"（object）与"目标"、"对象"意义相近，指可感知或可想象到的任何事物，既包括客观存在，并可观察到的事物，也包括想象的事物。本书是在马克思主义的实践论意义上使用"客体"概念的，马克思主义认为实践是由主体、客体、中介三者构成的。主体是指从事实践活动的人，客体是指主体活动对象的总和，中介是指把主体和客体联系起来的各种形式的工具、手段或方法。本文探讨的活动是人的科学技术实践活动，主体是人，客体是包括自然属性的人在内的所有自然界的客观存在，中介就是科学技术。科技伦理在客体论域意义上的关怀对象就是包括自然属性的人在内的所有自然界客观存在，简单讲就是自然界生态系统，它既包括自然界的有机生命体和生物群落，也包括所有有机生命赖以生存的无机环境。因此，科技伦理的客体域转向亦可以被看作是自然环境伦理和生态伦理转向。

第一节 科学技术是人与自然相互关系的中介

我国著名哲学家梁漱溟先生曾论及人类面临的三大关系。第一，人与物的关系，广义上也可以理解为人与自然的关系；第二，人与人的关系，也就是人际关系；第三，人与自身的关系。梁先生认为此三种关系是人类需要认真面对并加以把握解决的重要关系，并且认为三种关系是有序列性的，人与自然的关系是首要的、基础的和前提性的关系问题。梁先生还认为，由对此三种关系的认识出发，世界上形成了以希腊科学文化、中国伦理文化和印度宗教文化为代表的三大文化形态和文化路向。梁先生提出这一宏论已近百年，其思想可谓高屋建瓴、入木三分，至今仍被奉为经典。特别是在科学技术高度发达的当今社会，高科技带来了人的生产、生活和思维方式转变，我们更应该认真面对和思考人与自然的关系问题，努力在其不断变迁中寻求最佳平衡。

一 人的能动性与受动性

人是自然界发展演化的产物，这决定了人与自然界之间存在发生学意义上的关系。同时，人的出现赋予了自然界全新的内涵，自然界开始作为人的对象、人的客体而存在，从而形成了人与自然的对象性关系。人是具有自然力和智慧的社会存在物，人能够能动的认识自然和自然规律，这为人能改造自然界提供了现实的可能性与内在动力；人在认识自然规律基础上，会能动的改造自然、改变自然物的形态和相互作用的方式，把自然对象变成符合人的需要的人工自然。因此，在这个意义上说，人是"能动"的社会存在物，在自然面前有强大的能动性；但是，自然界有相对于人的先在性，自然界是人赖以产生、生存和发展的前提。人的血肉之躯和头脑都是属于自然界的组成部分，人不可能完全摆脱外部自然与自身自然的束缚和制约。离开自然界的承载，人类根本无法生存，同时自然界也是人类获取科学认识、把握自然规律的基础。所以，人又是受动的、受制约的，具有受动性的一面。正如马克思所说：人作为自然存在物，而且作为有生命的自然存在物，一方面，具有自然力、生命力，是能动的自然存在物；这些力量作为天赋和才能、作为欲望存在于人身上；另一方面，人作为自然的、肉体的、感性的、对象性的存在物，和动植物一样，是受动的、受制约的和受限制的存在物。①

人与自然的相互关系正是由人的能动性与受动性两个方面的统一决定的。一方面，能动性必须以受动性为基础，在任何时候，人的能动性的发挥都不是不受制约的，不是无限的、绝对的，"自然的先在性"并不会因为人的能动而消失。在人类认识和改造自然过程中，人类所表现出来的任何一种特定能动性，都必须以某种特定的受动性为依据。人在自然界里能够获得多大的自由，并不单纯取决于人的能动性的发挥程度，还要取决于人对受动性的认识程度和控制能力。另一方面，能动性的发挥又决定着受动性的程度。人类认识改造自然过程中，不断深入认识自然规律，不断改

---

① 《马克思恩格斯全集》第42卷，人民出版社1979年版，第167页。

造人自身，从而自觉地、能动地完善自己，使自己的能动性得到更好和更快的发展。能动性发挥得适当，人类就能减少受动，在自然界里获得更多自由；能动性不够或者能动性发挥过头，人类都必将深刻地感受到这种"受动"。因此，在认识改造自然实践中人类要最大限度地发挥人的能动性，但绝不能以纯粹自我的愿望和规定来滥加发挥人所具有的能动性，否则，将会受到自然界不可避免的惩罚和报复。

二 科学技术发展和人与自然关系的历史变迁

科学技术是人的能动性发挥的重要标志和体现，人与自然的关系与科学技术有着非常直接的密切关系。迄今为止，人类社会是以科学技术为核心来形成和构建生产力系统的，在人类社会历史上，科学技术发展到哪里，社会生产力水平就发展到哪里，由此主导着社会关系就发展到哪里。因此，科学技术发展及应用对人与自然的关系起着决定性作用。科学技术产生和使用以来，极大地促进了人类生产、生活方式的转变，扩大了人类利用、改造和干预自然的深度和广度。人类利用科学技术，走过了使用手工工具获取生产及生活资料和使用大机器进行生产这样两个时期，目前人类正在向高科技主导的信息化、智能化生产时代迈进。与此相对应，人与自然的关系也历经了从原始的低层次协调，到近代以后的关系紧张甚至矛盾冲突对立，再到新时期高层次协调发展的历史变迁。

人与自然关系的第一个阶段属于原始的低层次协调的历史阶段。这一阶段包括自人类产生开始的原始文明和农业文明时期在内的漫长历史时期。在此时期，人类对于自然界的认识十分有限，科学理论知识只是一些零散命题，只局限于某些学科之中，远不能形成比较系统的理论体系；技术知识也只是接受了父辈或师傅传授的生产经验和劳动技能，无论是使用发明的石器、金属工具，还是复合的手工工具，甚至是简单的机械装置，充其量只是初步延长了人和动物的肢体，始终未能超出人或动物自身的自然力限制，只能以人力、畜力为主要动力基础去利用和改造自然。在这段时期，由于科学技术不发达，人类处于一种自然和落后的生产生活状态，人类的实践活动的范围空间非常狭小，人类的认识活动和实践活动对自然界的影响微不足道，人类活动对大自然的冲击很难超过自然环境的承载能力，人类的生产和生活实践活动几乎没有对自然生态系统造成破坏性的影响。大自然基本保持着原有的原始风貌，地球在数亿年进化过程中形成的大气层、土壤、水资源，以及树木、煤、石油、天然气、矿物质等自然资源完好地保存着。在此历史阶段，人与自然表面上看起来协调共生，和谐发展，实际上此时人类的自由受到极大的限制，人的能动性得不到充分发挥，人类只能在非常有限的条件下改善自己的生产和生存环境，人的受动性完全占主导地位，人类处处会受到自然力量的控制和支配，为了谋求生存，人类必须调整自己的实践活动来适应自然。

人与自然关系的第二个阶段是人与自然关系日趋紧张、矛盾冲突的历史阶段。随着近代科技体系的建立和机器大工业的来临，人类开始对大自然进行全方位、大规模的开发和利用。自从蒸汽机发明以后，特别是发电机、电动机、内燃机产生以后，人类向自然界索取资源的能力得到极大提高，人的主体性和能动性得到空前释放，人们改造和支配自然的欲望也不断膨胀。由于人类欲望与科技工具的双重作用，人类对自然资源开发利用越来越无序和无度，人类实践活动对自然环境的作用和影响也逐渐开始大大超越了自然界的承载能力和自我恢复能力。人与自然关系的紧张对立造就了一个"增长混乱"的时代，一方面生产力快速提高，物质财富大量增加，人类的物质生活条件极大改善；另一方面人们没有对这种掠夺式生产方式的负面影响给予足够的重视，人类不可避免地遭遇了生态危机：环境污染、资源短缺、土地荒漠化、酸雨蔓延、生物多样性锐减、全球气候变暖、臭氧层出现空洞等一系列生态问题危害着人类的健康，人类的生存危机越来越明确地呈现出来。面对危机，人类急需新的科学技术创新改变原有的资源利用方式，转型自己的生产生活方式。

人与自然关系发展的第三个阶段属于一种新型的高层次协调发展的历史阶段。当今人类社会正站在该阶段起点上努力前行，争取早日在全球范围内实现更高层次的人与自然关系的协调和谐。面对工业化和片面的自然观与发展观带来的生态危机，人们开始反思自己的欲望和行为，开始正确认识人的能动性与受动性的辩证统一关系。与此同时，科学技术领域中系统论、基因论、信息论等新兴科学理论的诞生和以信息科学技术、生物技术、新材料新能源技术等为先导的新技术群集的兴起，为人类利用新的替代能源和提高资源的利用率，用较少的资源创造出大量的社会财富提供了坚实保障。人类生产活动对自然资源的消耗将大大减少，对环境的污染和破坏将大大减轻，自然资源在经济发展中的作用将逐渐弱化。展望未来，人们有理由相信，通过使用高新科技成果和约束人类不适宜的欲望需求，通过人类工具理性与价值理性作用的双重发挥，人类社会一定能在取得高度发达的物质成果的同时,实现生态良好地可持续发展,人与自然的关系会充满和谐。

第二节 科学技术引发的生态问题及其特征

人类活动与其赖以生存的生态环境从来都是相互影响、相互干预的。但在现代高科技发展及广泛应用条件下,人类活动对生态环境干预影响的进程却被极大加速,其程度越加深刻。由于人类价值理性的有限和科学功利主义的巨大影响,人类应用科学技术而进行的实践活动对生态的负影响日渐明显。正如美国学者西奥科尔伯恩在《我们被偷走的未来》一书中所指出的:"人类出现在地球上几百万年的绝大部分时间,我们只是局部性地给环境带来破坏性的影响。人类那时的这些活动对地球环境的影响,和形成这个星球的自然力量相比是微不足道的。可是现在的情况变了。在20世纪,人类和地球的关系进入了史无前例的新阶段。空前巨大的科学技术力量,迅速增长的人口已经把我们对环境的影响从局部和区域扩展到整个星球。在这个变化过程中,人类从根本上改变了整个地球的生命系统。"① 由于科学技术实践活动的伦理规约缺失,当今世界面临着巨大的生态环境危机,它已经构成对人类社会可持续发展的严重威胁和障碍。人类必须反思这种科学技术的不合理利用带来的严重后果,推进科学技术的生态关怀。

一 科学技术引发的生态问题

近代科技体系建立以来,特别是自从20世纪新科技革命以来,人类掌握了强大的科学技术力量和由此转化而来的物质力量,这种力量迫使自然界竭尽所能为人类服务,物质财富大量涌流,生活水平极大提高,人类欲望得到极大满足。然而,与此同时,人类不合理的科技实践应用活动在全球规模或局部区域内,导致自然生态系统的结构功能被不同程度损害、生命维持和生命发展系统被打破或瓦解,由此引发的生态问题归结为以下三个方面:

---

① [美]西奥科尔伯恩等:《我们被偷走的未来》,唐艳泽译,湖南科学技术出版社2001年版,第142页。

（一）自然资源的衰竭与退化

自然资源是自然界中能为人类所利用的物质与能量的总称。按照自然资源的物质属性，通常将其分为再生性资源和不可再生性资源两类。前者是人类开发利用后在现阶段可更新、可循环、可再生的自然资源，如水资源、生物资源等；后者是指人类开发利用后现阶段不可更新、不可再生的资源，如煤、石油等矿物资源。它是人类生活和生产资料的来源，是构成人类生存环境的基本要素。自然资源在一定时空条件下，必须要被开发和利用，以满足人类当前和将来的需要。

但是，近代科技革命和产业革命以来，人类对自然资源的开发和利用能力空前扩张，由此导致森林剧减、水土流失、物种灭绝等严重后果，从而大大降低能被人类利用的自然资源的数量和质量。美国前副总统戈尔曾在其《濒临失衡的地球》一书中写道："和人口增长一样，科技革命也是在18世纪开始渐渐加速的，而且它也是以指数方式加速。在很多科学领域中，最后10年里的重大发现比此前全部时间里的重大发现更多。虽说没有哪一项单个的新发现像原子弹改变了人与战争关系那样强烈地改变了人与地球的关系，但是这些新发现合在一起却无疑彻底改变了我们开发地球的能力。同时，就像不加任何限制地使用核武器会带来不堪设想的后果一样，不加限制地使用我们今天开发地球的能力，后果也不堪设想。"①

在一次对地球的森林、淡水和海洋生态系统进行比较研究后，世界自然基金会曾作出一份报告指出，1970—1995年的25年间，地球损失了1/3以上的自然资源。在这25年里，世界森林覆盖率下降了10%；淡水生态系统指数下降了50%；海洋生态系统指数下降了30%。报告还以木材和纸张消费量、水泥、淡水、粮食、肉类的消费量等关键数据变化表明，人类对自然资源消费压力日趋增长。当然导致人类对自然资源消费压力增长的因素固然是多方面的，但必须强调的是，科学技术作为社会的第一生产力，是开发和利用自然资源的最重要力量，因此，科学技术必然也造成对自然资源开发的过度和不合理利用的关键因素。著名学者康芒纳指出："自第二次世界大战以来，之所以在美国和所有工业国家中出现了资源短缺、环境恶化，其根本原因都在于农业和工业运输上的技术发生了巨大的变革。现在我们洗衣服是用洗涤剂，而不是用肥皂；我们使用人造肥

---

① ［美］戈尔：《濒临失衡的地球》，陈映佳译，中央编译出版社1997年版，第14页。

料种植粮食，而不是使用农家肥料或作物轮种；我们穿着合成纤维制作的衣服，而不是棉毛织品；我们旅行是乘飞机和私人汽车，运送货物是靠卡车，而不是靠铁路。然而，每种新的、有着更多污染的技术，在能源浪费上也要比它们所取代的那些技术多。"[1] 康芒纳的分析深刻地揭示了现代科技以及在现代科技条件下所形成的生产和消费方式对自然资源的压力。有数据表明，随着人类生产和消费方式不断趋于高耗能化以及在石油、煤炭等能源的勘探、开采和加工等方面的技术不断更新，世界能源的开采量大幅攀升。即使采取比较乐观的估计结果，到2070年，石油将基本枯竭，煤炭还可以开采约220年。另外，由于人类毁林开荒、围湖造田、滥捕野生动物、过度放牧等不当生活生产活动，以及现代农业技术和克隆、转基因等生物技术的应用，生物多样性正在面临着巨大压力和威胁。比如，培育和推广优良的农作物和动物品种，是现代农业技术的一个重要目标和发展领域。但是，在培育和推广优良品种的时候，如果不重视多样化的传统物种的价值，不采取妥善措施对传统动植物品种等遗传资源加以保护和延续，则会对生物多样性造成严重破坏。目前农业的大量传统品种被抛弃而倾向于少数新品种的做法严重损害了遗传多样性，造成了对逐渐减少的植物基因组的过度依赖。

(二) 自然环境的污染与破坏

所谓环境污染，是指由于人类活动引入环境的物质和能量造成危害人类及其他生物生存及生态系统稳定的现象。引起自然环境污染的原因是多方面的。在生产规模不大，生产力水平低下的年代，人类活动对环境的影响还只是局部性的较轻微的，全球环境变化主要由自然因素所左右，环境污染表现是局部的、微弱的；当人类步入大规模工业化时代，特别是20世纪50年代以来，随着科学技术的迅猛发展和广泛应用，人类影响和改造自然的能力大大增强，人类已经和正在对地球系统的各个组成部分和过程产生越来越大的影响，全球环境变化的主导因素逐渐从自然方面转向非自然的，即人为的方面。更突出的是，这类有人为因素，特别是技术的发展和应用所引发或加剧的全球环境变化和污染，对人类和整个地球生态系统而言都是灾难性的，它们已经成为全球生态危机的重要组成部分。环境

---

[1] [美]康芒纳：《封闭的循环——自然、人和技术》，侯文惠译，吉林人民出版社1997年版，第1页。

科学的研究已经表明，在影响环境质量的因素中，科技因素是最积极、最活跃的可变因素，因为科技的发展和应用既可以导致防治污染技术的创新和进展，又可以引起或加剧污染物的排放，这在很大程度上决定了环境质量变化的状况和趋势。除传统产业造成的水体、大气等自然环境污染外，就新科技产业而言，也普遍存在污染乃至严重污染的问题。新的科技产业只是在形式上避免了传统产业的污染，但常常带来新型的危害程度也更高的污染形式。

首先，合成化学物质污染日益突出。合成化学物质是人类依靠合成化学及相关科学技术而发明和制造的特殊物质。目前，合成化学物质主要包括农药、化肥、塑料和各类合成材料，大多数是石油化学工业的产物，已经成为人类生产和生活的重要物质基础。然而，它们的大量生产和使用，不仅对人类自身的健康造成严重伤害，还危及所有生物的健康成长，破坏生态平衡，成为全球性的环境公害。20世纪60年代，卡逊在《寂静的春天》一书中，就具体而深刻地揭示了以DDT为代表的合成农药对鸟类、鱼类等一大批生物长期和致命的危害。近年来进一步研究表明，大量合成农药的滥用，还是造成许多生物物种灭绝，导致生态失衡的重要原因。例如，农业专家指出，在全世界约一百万种昆虫中真正对农林业构成危害、需要防治的只有几百种，然而，合成农药却杀伤了大量无害的昆虫，破坏了生物之间的平衡关系。化肥的过度使用同样会对生态平衡构成严重危害。化肥中的大部分物质都转化为农作物难以吸收的形态留在土壤中，破坏了土壤中各种化学物质的平衡状态，对农作物生长和人体健康造成巨大危害。塑料、合成橡胶、合成纤维等新型合成材料，是我们常用的生产和消费资料，作为人工合成的化学物质，它们大多数不具备环境兼容性，不能在环境中自行降解。因此，当它们被大量使用并遗弃到环境中时，就必然对全球生态环境造成严重污染。根据联合国环境规划署的报告，人类已经创造了七百多万种合成化学产品，就合成化学产品的产量而言，已达数十亿吨，投入到垃圾场、湖泊、江河、土壤和海洋中的化学废物的数量难以计量，大得令人吃惊。

其次，基因污染值得引起高度警惕。基因污染，也可称为遗传操作污染，它是经过人工组合的基因，经过特定途径扩散到其他人工培养生物或自然界野生生物中，并成为后者基因的一部分，从而对生物界乃至整个生态系统造成重大危害。基因污染是随着生物科技，特别是基因工程技术的发展和应用而产生的一类新的环境污染形式。基因工程打破了原有物种之间的屏障，使基因在各物种间能够进行移植，正如里夫金指出的，"新的基因剪接技术使我们能够将自然的外壁打破，使人类的殖民扩张很容易到达基因组的最核心部分。将基因在不同物种间的转移是一种人类历史上从来未有过的创举。我们正在以一种前所未有的发生对自然进行实验，给社会带来难以估量的新机遇，也给环境带来严重风险"。[①] 可以说，基因污染将是未来一个时期最严重的污染之一。一方面，它可能会威胁地球上的最后一片净土，即天然的生物基因库；另一方面，外来的基因可随被污染生物的繁殖而得到增殖，再随被污染生物的传播而发生扩散，造成可以不断增殖和扩散的污染。这是一种非常特殊又危险的环境污染。基因工程作物中的转基因扩散到传统作物上，可能会影响业已形成的稳定的农业生态系统，伴随着传统作物的染色体被各种各样的转基因所充斥，传统作物的原有形状将很可能难以得到保留。还有，转基因生物与天然物种间发生基因飘散也是可能的，基因污染的结果很可能使一些生物物种从转基因中获得新的性状，因此可能具有更强的生命力，从而打破自然界的生态平衡。

最后，高科技废弃污染越来越凸显。高科技废弃物污染，主要指高科技产品在使用后或被淘汰后所产生的污染，也包括在生产高科技产品过程中所产生的污染，其形式是多种多样的。由于高科技产品具有更新速度快、淘汰率高的特点，人们对其废气污染问题难以及时发现或疏于防范，因此，高科技污染物更具有隐蔽性和危害性。最为突出的例子是"电子垃圾"和"太空垃圾"。由于电子产品的更新换代频率加快，大量的电子产品成为垃圾，在处理这些垃圾时，不管用什么方法都会对环境造成一定的污染。"太空垃圾"是现代空间技术发展的产物，它主要由各种已经废弃的卫星或空间站，还有卫星和火箭上的一些零部件、残余的燃料及火箭碎片和人类在空间站工作所产生的各种垃圾。根据有关资料显示，太空垃圾坠落到地球上的情况现在平均每天发生20多次。2001年3月，苏联"和平号"空间站的坠落，曾使地球上多个国家和地区的人们担惊受怕，令人记忆犹新。

（三）自然生态的失衡与危机

自然生态平衡是指在一定时间内自然生态系统中的生物和环境之间、

---

① ［美］杰里米·里夫金：《生物技术世纪——用基因重组世界》，付立杰等译，上海科技教育出版社2000年版，第73页。

生物各个种群之间，通过能量流动、物质循环和信息传递，使它们相互之间达到高度适应、协调和统一的状态。也就是说当自然生态系统处于平衡状态时，自然系统内各组成成分之间保持一定的比例关系，能量、物质的输入与输出在较长时间内趋于相等，结构和功能处于相对稳定状态，在受到外来干扰时，能通过自我调节恢复到初始的稳定状态。在自然界生态系统内部，生产者、消费者、分解者和非生物环境之间，在一定时间内保持能量与物质输入、输出动态的相对稳定状态。工业革命以来，随着科学技术的迅速发展和广泛应用，人类不合理地开发和利用自然资源，其干预程度超过了自然生态系统承受的阈值范围，破坏了原有的生态平衡状态，对生态环境带来不良影响，从而引发自然生态失衡。

当前，自然生态失衡和危机最突出的表现是臭氧层损耗和温室效应的加剧。

臭氧层是指距离地球表面 15—50 公里高空，臭氧分子含量较高的气体层。臭氧层与生物以及人类生存有着极其密切的关系，能吸收 99% 的高强度紫外线，使地球生物免受强烈紫外线的伤害。但是，20 世纪 70 年代以来，全球大气中的臭氧总量出现了明显减少趋势，这种趋势在两极的高纬度地区表现特别明显。在南极上空，科学家在 20 世纪 80 年代就发现了臭氧含量显著低于周边地区的臭氧洞。据科学研究发现，导致臭氧消耗的主要原因，无疑是来自人为的因素，主要有三个原因，而这三个因素都和科技的发展与应用直接相关：第一，氯氟类化合物的破坏作用；第二，高空飞行物所排放气体的破坏作用；第三，化肥使用中所排放气体的破坏作用。

温室效应，是指地球向外空间散发热量的途径被阻断，致使地球表面大气温度升高的效应。导致温室效应的原因主要是二氧化碳的排放，随着科学技术的迅速发展和广泛应用，二氧化碳的排放量迅速提高，致使全球变暖的趋势越来越快。温室效应是一种全球性的环境灾难，它不仅使全球气温升高，冰川融化，海平面上升，威胁生物及人类自身的生存；还会改变全球降水量等重要气候因素，引发风暴、洪涝、干旱等反常和灾难性的气候变化。

二　科技时代的生态问题特征

在当代科技的强大影响和作用之下，生态问题被打上了鲜明的"科技"烙印，呈现出突出的时代特征。

(一) 潜在性特征

自然生态环境是动态、历史的发展过程,任何一个干扰活动都会或多或少地对其产生影响。科学技术越是大发展,其对生态环境的干扰影响能力也就越巨大。即使在当前看来可能是一项对生态环境无害甚至有益的科技,但在几年或者几十年后或许也会慢慢地显示出其破坏作用。当代科学技术在解决一些旧的生态环境问题的同时,往往又产生了一些新的生态环境问题。与旧的生态环境问题相比,这些新问题可能具有更加隐蔽的潜在性。一方面,当代的科技活动是与人类社会、经济发展活动相伴随的,因而其引发的环境问题往往被人们所忽视;另一方面,当代科技的发展向综合和分化两极的发展,使一般公众对科技成果无法进行全面了解,也加深了当代科技的隐蔽性和潜在性。

比如,当前大量使用的某些新材料,人们更多的了解仅限于其实用性,而新材料对环境的影响往往不易被认识,再加上一些企业为了利益最大化而"隐藏秘密"的屏障,对新污染的认识过程需要很长时间,客观上延长了对污染的认识和治理周期。还有,某些高科技产品中所使用的有毒原料数量很少,不足以对环境产生明显影响,不容易被人们所觉察和重视,同时又受环境媒介传播途径的影响,污染的反应周期通常需要较长一段时间。另外,还有些有害物质进入环境后,充当了催化剂或作为化合作用的部分反应物,这种作用过程加深了其隐蔽性。生物技术也有这种危险性而且不易被人察觉,一旦基因库被污染而致缩小,就永远不再可能恢复原有的基因。更重要的是,目前人类还没有找到有效方法来解决这些基因污染造成的破坏和危害。

(二) 系统性特征

自然生态环境本身就具有整体和相互依存的系统性特征。自然界并不是一个与人类隔离的独立王国,而是一个错综复杂的庞大统一体,是一个人类必须依赖而又极易受到人类活动干扰的系统。在人类活动范围比较有限的时候,这种整体性和相互依存性只是在一定空间内起作用。随着人类活动范围的不断扩大,这种系统性表现得越来越明显。科学技术无疑在这其中扮演了"加速器"和"催化剂"的作用。

首先,从空间范围来看,科学技术造成的生态环境问题日益增多,分布区域日趋广泛,呈现整体性态势。科学技术的发展使人类的生活空间逐渐"变小",科技对人类社会和生态环境的影响已经打破了国家和地区的边界。各种复杂的生态环境问题跨越国界而蔓延并不断"整合"，逐步形成地区之间、国家之间乃至全球性的问题。生态环境危机已经不单纯是哪个民族、哪个国家所面临的危机，而是整个人类社会的灾难，整个地球正在成为一个"受难的村落"。

其次，从生态系统内外部的构成要素来看，生态环境问题是一个系统问题。生态环境问题中各要素之间原本就是互相联系、相互作用、相互影响的，而科学技术的强大作用力更使得对生态系统的干扰"牵一发而动全身"。

最后，从生态问题的防治上来看，生态环境的治理必须采取整体性的系统协调治理模式，"头痛医头、脚痛医脚"的做法不可能彻底解决问题，"治标不治本"只能是权宜之计。

（三）长期性特征

由于当代科技引发的生态环境问题具有隐蔽性，而且呈现全面蔓延态势，因此该问题自然具有长期性特征。首先，生态环境问题的潜在性决定了它必定也是长期存在的。有些生态问题的发现可能需要一个较长的周期，而且一些问题在潜伏隐蔽过程中，只有不断地累积，问题才得以完全呈现，而此时恰恰又使得问题更加复杂而难以解决。其次，当代科技特别是一些高新科技对生态环境的影响面非常广且深，使得自然生态环境在短期内无法实现"自净"。生态系统本身具有自组织特征，能够进行一定程度的自我调节，因而生态系统有一定的环境承载能力。在没有超出这个承载能力"临界值"的时候，它可以通过各种自组织作用，自动化解生态破坏所造成的负面影响，这就是生态系统的自净能力。当然，自然生态系统的这种自净能力是相当有限的，当生态系统遭受的破坏超过了其临界值时，生态失衡就很难重新恢复到平衡状态。最后，当代科技与人类的经济社会活动密切相关，因而其导致的生态环境问题也具有明显的社会特征。生态环境问题不仅表现为人与自然的矛盾，而且越来越表现为人与人之间的矛盾。生态问题往往与其他社会问题，如公平正义问题、贫困问题、外交问题等交叉重叠。生态问题已不单单是一个简单纯粹的问题，许多生态环境问题一旦形成，要想解决它就要在时间和经济上付出高昂的代价。

潜在性、系统性、长期性这些特征相互联系、相互影响，加大了处理和解决自然生态环境的难度。同时，这些新特征还表明，科学技术的广泛应用不仅涉及人类的当前利益，而且关系到人类的未来利益。因此，人类应该高度重视当代科技活动中引发的各种自然生态环境问题。

第三节 科学技术伦理的生态转向与生态伦理的生成

通过考察人与自然的关系史可以看出,科学技术是人与自然关系的中介。但科学技术不是一个冰冷的符号或工具,科学技术之所以能成为人与自然关系的中介,是源于人的科学技术实践活动。人的科学技术实践活动的正当性与否是人与自然关系的"晴雨表"。换句话说,人与自然的关系的变迁是人与科学技术关系的现实反映。科技与人关系的恶化必然导致人与自然关系的紧张,协调人与自然的关系也要回归到协调科技与人的关系之中去。如何让自然界不再是人利用科技征服和索取的对象,如何让自然在人类心中"返魅",这就需要站在科技伦理的生态向度来求解和回答。

一 科学技术伦理的生态转向

当今世界历史发展定位的其中一个文明形态就是生态文明时代,科学技术造就的"以征服、改造自然"为主题的生产模式已经不能适应当代人类的社会实践,科学技术的主题已不是人类如何征服自然的问题,也不是人类如何服从和顺应自然的问题,而是人类如何在保证人与自然和谐发展前提下更好地满足自身需要的问题。人类社会历史的发展必然要求为科学技术的旨归注入新的时代内涵,这个内涵就要求科学技术实践要以生态维度为标尺,实现科学技术实践及其伦理规范的生态转向。

(一)科学技术社会功能的生态转向

科学技术从满足人类物质生产需要转向满足人类生态需要。传统科学技术发展受发展理念、社会生产力水平、人类认识水平等因素的制约,对其最突出的社会功能要求,就是要通过科学技术的发展来充分利用和开发自然资源,制造先进劳动工具,提高劳动生产效率,促进社会物质生产,满足人的物质需要。从历史和逻辑两个方面来分析,这种最初以物质需要的满足为目的也无可厚非。社会的存在与发展是以社会物质生产为前提的,人的物质需要是最低层次的需要,从当时人的物质短缺状况来讲是可以理解的。随着科学技术的发展,生产力水平迅速提高,人的需要本来应该向更高更协调的层次发展。但是,人类的物欲崇拜和资本的谋利本性共同制造的虚假需要掩盖了有利于人的生存发展的真正需要,人类社会实践利用科学技术创造物质财富成为直接追求，创造越来越多的利润成为自足的目的，由此导致了人们的需求满足在物质需求阶段的长期滞留。这种生产对需要的背离最终导致了消费对需要的背离，导致了有限自然资源的无序开发与过度利用。科学技术所引发的发展困境使人们深切感受到，假如科技的发展只是致力于对人的物质需求的满足，同时又使这种需求有无限膨胀之势，最终的结果必然是资源的枯竭、发展的中断、人类社会的最终覆灭。这样的结果显然不符合人类社会发展的最终目的，不利于社会进步与人的全面发展。科学技术能够提高人类社会生产效率，带来一定的经济和社会效益，这是一个事实。但是，简单地利用科学技术的一项社会功能，其结果是部分人获取了眼前的经济利益，却破坏了子孙后代人的生存环境和非人类生物的生存条件。因此，要实现科学技术社会功能从满足人的物质需要转向满足人的生态需要。

（二）科学技术理性价值的生态转向

科学技术理性是人类在追问自然的合理性以及对自然规律进行探寻、判断、推理的过程中形成的一种逻辑思维方式。传统的科技理性思维模式强调认识主体与客体的绝对分离，善于运用还原和分析的方法认识和把握客观自然规律，寻求规律的精确性与合理性。这种传统的科技理性曾经用其自身的"理性"优势征服了世界，揭示了自然界中的许多奥秘并激发出巨大的社会生产力，创造了惊人的社会财富。人们一度对传统的科技理性充满崇拜与敬仰，传统科技理性也因此不断膨胀，挤压了伦理世界价值理性和人文理性空间。对人的道德关怀开始从科技理性关注的视阈中被排除出去，"真"成为科技理性的唯一价值追求，"善"服从、服务于"真"并逐渐式微，传统科技理性的这种单向度、无节制的发展把人类一步一步逼向"物化"的深渊，把人与自然对立起来，最终导致了自然生态与人类自身生存的危机。面对现实，人们需要解决危机，实现人与自然的和谐共生。这就需要给予科技理性以必要"生态"价值补充，重构科技理性的价值模式。第一，现代的科技理性必须进一步深化认识人对自然的影响，强调人类应当审慎地改造自然，更加注重以系统有机的思维方式确立"生态价值"的指导理念，确立合理适度、自我节制的生态价值观，在共生互动、动态平衡的生态系统中把握人与自然的关系。第二，现代的科技理性要克服传统的"主客二分"的机械思维模式，不仅要重视本身的工具价值，更要关注自然界及其生命系统的内在生态价值，通过人类的科技生态实践活动沟通人与自然之间的鸿沟，使得人与自然主客一体的辩证关系内含于现代科技理性之中。第三，现代科技理性应当以"生态"价值的理性思维，关注作为整体的自然生命系统的动态平衡，不仅关注人类的代内关系还要关注代际关系，不仅关注人类内部关系还要关注人类同其他生物物种之间的关系。实现现代科技理性由只关注部分向全面关注整体的生态化转向。

（三）科学技术评价标准的生态转向

传统的科学技术评价标准是"真理"标准与"生产力"标准的结合。一方面，人类通过科技实践实现对自然科学知识的掌握，科学技术必须给人以"真"的知识，这是人类对科技"求真"目的的最基本要求；另一方面，人们通过科学技术对外部自然世界征服和占有的广度和深度加以评价，科学技术创造的生产力改善越明显，人们对科学技术就越认可，人们更多地把科学技术的评价归因于生产力和经济增长。在科学、技术、生产一体化的今天，科技评价标准转向了生态的维度。科技不再是与生态伦理无涉的存在，不再仅仅是为了满足我们好奇心的"真"的理论知识，也不再仅仅是满足我们物质生产的工具手段。科学技术的发展已经全方位地渗进自然界和人们的生活世界，整个生态系统被整合为一个整体，人类的科技实践应用活动不再是个人的事，而是事关整个自然生态系统的利益，因此，是否合理分配和享受科技发展的资源和成果，是否能够保护好我们生活的整个自然环境和促进社会的进步，是否能在不损及后代生存的权利和利益的情况下促进整个人类的进步，唯有在生态维度上评价科学技术才能充分回答这些现实问题，才能彰显人类科技实践的公正与客观。

（四）科学技术文化的生态转向

作为理性启蒙产物的一种高级形式的文化，科技文化本身凝聚着人类精神文明的共同结晶，体现着理性、规范、开放、求实、批判、创新、协作等一系列精神特征。它不仅仅包含着自然科学和技术的知识层面及其固化在器物层面的文化特质，也包含了科学技术知识生产过程中、对象化在科技产品之中、凝结于科技体制之中和贯穿于科学思维方法之中的深层次的内驱力和灵魂。在20世纪中期，英国学者斯诺提出了著名的"两种文化"的思想论断。他指出，科学家和人文学者创造了两种不同的文化形态，科学家创造了以客观为尺度、理性至上、追求真实的科学文化；人文学者创造了以价值和意义为尺度的人文文化。他还认为这两类人群和两种文化之间存在严重的对立。斯诺本意是力图分析这种文化分裂的根源及其危害，力求沟通两种文化，并非承认两种文化的天然独立性及其合理性。但是，长期以来，很多人忽略了斯诺的本意，默认了两种文化的先天独立存在，并将人文文化自觉置于科技文化的对立面。如此一来，科技文化常常被作为先天不足的文化形态来认识，被贴上了缺乏价值和意义关怀的标签。这种对文化的割裂认识必然会造成实践上的错位，当前非常有必要重新认识文化的整体性和统一性。正如著名学者李醒民所言："科学和人文尽管在关注的对象上乍看起来有所不同，但在精神实质和深层底蕴上是相同和互补的。"[①] 因此，我们有必要重新认识科技文化的内涵，认识到当前整体性文化就是以科学技术为主导特征的文化呈现，广义的科技文化概念应该是内蕴人文文化特征的大文化概念。诚然，自近代以来诞生的科技文化已经成为影响当今社会发展和人类文明进步最重要的文化形态。爱因斯坦曾经指出："科学技术对于人类事务的影响有两种方式。第一种方式是大家熟悉的：科学技术直接的或间接地生产出改变了人类生活生产方式的工具；第二种方式是教育性质的，它作用于心灵，尽管草率看来，这种方式好像不太明显，但至少同第一种方式一样锐利。"[②] 哈贝马斯也敏锐地指出，科学技术是发生在当代社会前沿和高端的文化现象。但由于文化割裂思想的长期影响，科学技术为现代化社会的发展提供了思想理论武器，推动了世界各国的工业化的同时，却没能很好地协调人与自然的关系，甚至局部严重违背了自然生态平衡的客观规律，并没有完全促进人类自由全面发展，让人们更加轻松愉快地生活。因此，我们必须更加系统全面地认识科技文化，实现科技文化的生态转向。

当前随着科学技术的发展和应用，科学技术在不断地认识和改造人们的主观和客观世界，越来越多的新科技事物往往以文化的形式融入人们的日常生活之中，这就使得科技文化逐渐发展为一种相对独立的社会亚文化系统。基于对科技文化的反思和重新定位，面对前工业化时期片面的科技文化思想造成的生态观念误区和生态实践的错位，科技文化的生态转向逐渐在其拓展渗透进社会生活的三条路径中相继展开。首先，通过对生产方

---

① 李醒民：《科学精神和科学文化研究二十年》，《自然辩证法通讯》2002年第1期。
② 《爱因斯坦文集》第3卷，商务印书馆1979年版，第135页。

式的变革，从器物层面传导到制度层面再影响到文化价值层面。这种文化理念下倡导的科学技术引领的生产方式变革不再单纯是生产力的提升，也不再是利用自然资源和改造自然能力的显现，而是生态生产方式的确立。它既包括生态产品、生态的体制制度，也包括生态价值观。其次，生态化的科技在生活中的广泛应用导致新的科技文化不断涌现，比如当前科技应用与人们消费需求相互作用形成了汽车文化、通信文化和网络文化等文化新形态。新的生态科技文化观，要求科技创新引领的这些消费需求，不能只是一味满足人的感官愉悦而忽视自然生态和人的自由全面发展的需求，不能造成新的人类科技异化和生态危机。最后是通过教育、宣传和普及，使生态化的科技文化直接进入社会文化价值领域，最终甚至让生态化的科技文化被世界大多数国家接受并成为主流文化。

二　生态伦理的生成和发展

科技伦理在生态转向和生态发展维度上，突破了原有的伦理架构，变革了科学技术的伦理环境，为科学技术摆脱自身发展中面临的各种悖论和困境指明了最佳路向，同时也逐渐生成了一系列特色鲜明的环境和生态伦理思想。生态伦理是伴随着科技伦理的生态转向和生态环保运动而产生的一种全新的伦理学理论，它把人与社会的有限伦理扩展到人与自然以及所有自然存在物的无限伦理，它以尊重和保护生态环境为根本宗旨，以未来人类的可持续发展为着眼点，强调人类的自觉与自律，强调人与自然环境的共生共存。也有人将其称为生态道德、环境道德、环境哲学、环境伦理等，在学术界，生态伦理学（ecological ethics）和环境伦理学（environmental ethics）是两个可以互换的术语。

西方生态伦理思想的萌芽始于18世纪。当时近代科学技术体系日臻完善，利用科学技术开发和改造自然的步伐大大加快，由此引发了部分有识之士的隐忧，他们孕育了生态伦理思想的萌芽，并发起了西方第一次生态环境保护运动，为生态伦理的发展奠定了基础。早在欧洲浪漫主义文学兴起时期，著名近代法国思想家卢梭（Jean-Jacques Rousseau）就曾主张"回到大自然中去"，他认为"科学和艺术的光芒在我们的天际升起，德行也就消失了。只有在大自然中才能恢复人追求自由的本性，才能摆脱人与人之间恶劣的关系，也只有在纯朴的大自然中，才能一切都是真的"。近代功利主义思想家边沁（Jeremy Bentham）把道德的触角扩展到人以外的自然物，他认为，不仅要把人当成道德关怀的对象，自然动物同样也应成为道德关怀的对象。还有美国思想家梭罗（David Thoreau）也认为一切人包括自然都统属于一个统一体。在他的著作《瓦尔登湖》中指出"我们对于自己的关怀能放弃多少，便可以忠实地给别人多少关怀。大自然既能适应我们的长处，也能适应我们的弱点"①。梭罗反对人为地改变物种，主张人们过一种宁静自然的生活。与此同时，还有一些描述生态危机、孕育着生态伦理思想萌芽的著作不断出现。比如，美国学者马什的《人与自然》、英国学者塞尔特的《动物的权利与社会进步》等，这些著作主要是通过对自然之美的描述，把自然视为净化心灵、逃避喧嚣之地，力图转变人类对自然的漠视态度和征服观念。19世纪末，还有一位美国官员提出了要对自然"明智利用"，他就是在1898年被麦金莱总统任命为农业部林业局局长的吉福德·平肖，他曾针对美国森林资源利用情况指出："为了人民的长远利益，而不是为了某些个人或公司的利益"，必须"明智地利用森林"，"一旦林地与人的利益发生冲突时，将以大多数人的长远利益为尺度调和矛盾冲突"。以上这些生态伦理学思想的萌芽是针对当时生态危机初现的一种伦理解答，他们试图超越自古希腊之后所形成的伦理道德基础，建构一种关注自然的伦理道德观念。

　　直到20世纪初，许多生态环境思想家在重新审视科学技术负效应和人与自然关系基础上，要求把生态环境问题与社会问题联系起来，明确提出生态环境伦理学的概念，创立了一系列影响深远的生态伦理学思想，并发起了又一次生态环保运动。德国哲学家阿尔贝特·施韦泽（Albert Schweitzer）在1923年出版的《文明的哲学：文化和伦理》一书，可视为创立生态伦理学的奠基之作。他提出的以"敬畏生命"为核心的生命伦理原则是当今世界和平运动、环保运动的重要思想资源，他认为善的本质就是保持生命，促进生命，而恶的本质就是毁灭生命，损害生命。他还认为人与自然的关系应是一种文化关系，生态危机是文化危机的一种表现形式。关注自然、敬畏生命的原则必须走进伦理学，因为"伦理学思想不仅是对世界作伦理解释，而是对世界内在的、精神关系的体现"②，所以完整的伦理学的任务应该是对所有生命担负起责任和义务。随后，被誉为"现代环境伦理学开路先锋"的美国哲学家阿尔多·利奥波德（Aldo

---

① ［美］梭罗：《瓦尔登湖》，徐退译，吉林人民出版社1997年版，第9页。
② ［德］阿尔贝特·施韦泽：《对生命的敬畏》，陈泽环译，上海世纪出版集团2007年版，第175页。

Leopold)提出了大地伦理学概念,也主张把伦理学研究对象从人和社会领域扩展到整个自然界。他认为能否保持生态系统的完整和稳定,是人们对待自然行为的道德价值的标准之一。这一伦理原则要求我们具有整体主义的系统思维方式,要人们"像一座山那样思考"①。雷切尔·卡逊的代表作《寂静的春天》更是一部影响巨大的生态伦理著作,她使人们认识到自然界是一张紧密相连的网,她的著作迅速推动着生态伦理思想走向繁荣成熟、走进实践向现实社会渗透。

20世纪中叶,作为人类"生存之科学"的生态学正式出现,在系统科学和环境科学研究基础上,生态学从原来只研究动植物及其生活环境扩展到研究人类生活和社会生活方面,把人类也列入生态系统,来研究人与环境的关系及其相互作用规律。生态学的发展也催生了生态环境伦理学内部理论体系的变化,而生态伦理学正是借助于生态科学提供的有关平衡的、整体的、有机的、多样的、循环的等思想观念而日渐繁荣成熟。自20世纪70年代以后,生态伦理不再局限于对思想本身进行理论批判,而是要建构完整的、系统的、体现人对自然应具道德关怀的伦理学思想理论体系。生态伦理迅速发展,明显呈现多元化趋势,基于不同的逻辑前提,形成了众多的、互相批判的生态伦理思想流派。例如,自然中心主义对现代人类中心主义的质疑,内在价值论对工具价值的批判,整体主义和个体主义之间的相互论争等。

伴随着理论的成熟,生态伦理思想成为环境保护与可持续发展的重要价值导向,开始向现实社会实践渗透。1972年,麻省理工学院学者丹尼斯·米都斯领导的研究小组受罗马俱乐部委托,以计算机模型为基础,运用系统动力学对人口、农业生产、自然资源、工业生产和污染五大变量进行了实证性研究,提交了名为《增长的极限》的报告。报告指出,若维持现有的资源消耗速度,人类经济的增长只需百年或更短时间就将达到极限。同年6月,联合国在瑞典首都斯德哥尔摩召开第一次在全世界范围内研究保护人类环境的会议,经过讨论形成并公布了《联合国人类环境会议宣言》,这一宣言是人类开始反思工业文明,寻求新的经济发展模式的重要标志。1983年的第38届世界联合国大会通过决议,成立了世界环境

---

① 转引自[美]阿尔多·利奥波德《沙乡年鉴》里一篇散文随笔《像山那样思考》,北方妇女儿童出版社2011年版。

与发展委员会，要求环境与发展委员会承担审查环境发展问题、提出解决环境问题的行动建议、提高各方面对环境问题认识水平等方面的职责。1987年，环境与发展委员会在东京举行的特别会议上发表题为《我们共同的未来》的著名报告，报告中正式提出了可持续发展的概念。1992年，联合国环境与发展大会在里约热内卢通过的《21世纪议程》，这是"世界范围内可持续发展行动计划"，进一步体现了人们对生态伦理思想的认识和应用。

在中国，生态伦理学的研究始于20世纪80年代中期，当时越来越多的西方生态伦理的学术著作、文章被翻译过来并出版，比如1987年翻译出版利奥波德的《沙乡年鉴》，随后又有施韦泽的《敬畏生命》、罗尔斯顿的《哲学走向荒野》和《环境伦理学》、温茨的《现代环境伦理学》等，这些著作引起了我国学者的高度关注，与此同时我国的生态伦理学研究也迅速与国际接轨。经过近三十年的发展，我国生态伦理学研究方兴未艾，在探索生态伦理的思想渊源，梳理西方有关生态伦理的主要理论，挖掘我国传统的生态伦理思想等方面取得了显著的成绩，推动了中国生态伦理学研究的进步与发展。

首先，我国学者强调生态伦理思想是一场哲学观念的革命，体现了人与自然关系问题上哲学观念的深刻变革。比如，我国最早的生态伦理学研究学者余谋昌先生发表的《生态伦理学的价值观念》一文，在国内首次提出自然具有内在价值，系统阐述了要把生态伦理学建立在以承认自然价值和权力的基础之上，主张确立一种工具与内在价值共同彰显的价值观。

其次，我国很多学者强调主张建立一种以承认自然的权力和内在价值为基础的、非人类中心主义的生态伦理学，认为人是作为一个真正意义上的道德物种而存在的，人类应该站在自然的立场上，在更大的范围内，考虑人类在自然生态系统中的行为方式。比如在20世纪90年代上半叶我国学者刘湘荣所著《生态伦理学》（1992）、叶平的《生态伦理学》（1994）和余谋昌的《惩罚中的觉醒——走向生态伦理学》（1995）均表达了类似思想。

最后，我国学者还关注对生态伦理学的实践应用问题，倾向于从实践的层面探讨环境伦理学如何在实践中发挥作用，为我国的环境保护和可持续发展提供理论支持。正如余谋昌先生在《从生态伦理到生态文明》一文中提到的："中国环境伦理学应当在继承和发扬中华文化的优秀传统、开发和利用中华文化的宝贵思想资源的基础上发挥自己的优势,在建构和谐社会的实践中为其提供伦理基础,为实现这一伟大历史使命做出贡献。"①

但不得不承认,我国生态伦理学的起步较晚,一门成熟系统的中国特色生态伦理学的形成仍需假以时日。正如学者李培超所言:"我国环境伦理学基本上还处于介绍西方环境伦理学的概念、话语、派别的层面上,即便有比较性的研究也多是用西方环境伦理思潮的一些概念和理论框架来'包装'中国传统文化的资源或引导当代人的思维,这显得中国环境伦理学与国际学术界的接轨和对话是建立在没有自己、缺少自己的话语权的基础上的,没有自己的理论个性。"②

第四节 生态伦理研究的两大派别及其基本思想

生态伦理诞生以来,众多中外的思想家虽然众说纷纭、派别林立,但迄今为止生态伦理思想从宏观上大致可以划分归属为人类中心主义(anthropocentrism)和非人类中心主义(non-anthropocentrism)两个大派别。从表面上看,这两个派别的观点针锋相对、互不相让,长期以来中外学者不断参与两大派别的论争,但不可否认,二者都强调以"尊重和保护生态环境"为根本宗旨,着眼未来发展,追求共生共存。通过两派的持续辩争,各自学说也不断得到演进与完善,共同推动了生态伦理学研究的迅速前进和发展。

一 人类中心主义

人类中心主义生态伦理思想认为,人是自然界唯一具有理性的存在物,伦理道德只是调节人类社会生活中人与人之间关系的规范,只有人才有资格享有伦理道德关怀。人类行为有利于人类福祉时,人类任何影响自然环境的行为都是正当的,一切人类行为都以人的利益为唯一尺度,换句话说,人的利益作为人类行为的衡量标准具有唯一性,从而具有至上性和

---

① 余谋昌:《从生态伦理到生态文明》,《马克思主义与现实》2009年第2期。
② 李培超:《环境伦理学需要本土化》,《中国教育报》2008年1月22日第3版。

绝对性。自然界中除了人以外的其他存在物只具有工具价值，只是价值客体，它们根本没资格享有道德关怀，更没有利益诉求，人与自然的关系不具有任何伦理色彩。之所以要把伦理道德关怀施与人以外的其他存在物，是因为人类对环境问题和生态危机负有伦理道德责任，并非因为对自然事物本身的关注，而是源于人类对自身生存和子孙后代利益的关注。当代人类的生存境遇以及生态学、生物科学的发展使人类中心主义的生态伦理思想逐渐发生着改变，人类中心主义者也不断审视传统的伦理坐标，重新调整伦理取向，生成了强、弱人类中心主义两个程度不同的分支流派。

（一）强人类中心主义

强人类中心主义继承了西方传统的"人是万物的尺度"思想，沿着亚里士多德提出的"植物为动物存在，禽兽为人存在"，以及笛卡尔的"借助实践哲学使自己成为自然的主人和统治者"，直到康德的"人是自然界的最高立法者"的一系列思想进路不断前进，提出人是最高级的存在物，人的一切需要都是合理的，只要不损害他人利益，可以为了满足人类任何需要而毁坏或灭绝任何自然存在物。只有人才具有内在价值，其他自然存在物没有内在价值、没有内在目的。美国学者古思瑞（R. D. , Guthrie）就是一位强人类中心主义的维护者，他认为，伦理是人类社会的内部现象，道德原则是人类生活行为所需要的且独有的，人类行为规则只能是为人类利益。他还强调，把道德延伸到人类社会以外是不合逻辑和行不通的，那将会导致严重错误。澳大利亚哲学家帕斯莫尔（J. Passmore）也持有类似观点，他虽然承认人类需要重新考虑人与自然的关系，人需要担负起保护自然环境的责任，但他同时强调人类要作为自然的管理者来保护自然；这种人类保护自然环境的伦理根据不是出于自然本身的原因或自然有什么"内在的价值"和"权利"，而是出于人的崇高的责任意识和人道主义。他在《人对自然的责任》一文中指出："自然界确实不拥有权利，人为了自己的幸福而保护自然环境是正确的。人类以外的存在物，无论是否具有生命，都只具有工具价值，动物如此，植物如此，荒野也如此。"[①]

（二）弱人类中心主义

20世纪中叶以后，一些学者开始反思强人类中心主义的局限，修改补充了一些观点，逐渐形成一种新型的现代人类中心主义思想，也可称为

---

① 转引自雷毅《生态伦理学》，陕西人民教育出版社2001年版，第64页。

弱人类中心主义。弱人类中心主义思想主张人类对于自然的决定地位，但试图克服人类作为万物之灵的绝对优越性，强调对于自然的尊重、协调，运用理性观点处理人类与自然的关系，以实现人类与自然的长期共存，防止对于自然的滥用和破坏，最终危害到人类自身。最早将人类中心主义界定划分为强弱两类的是美国哲学家巴耶·G. 诺顿（Bryan G. Norton），他认为，强人类中心主义是仅以个人感性意愿的满足作为评价一切价值标准的思想，而弱人类中心主义则是以理性意愿的满足作为评价一切价值标准的思想。他自己比较赞成弱人类中心主义，他承认自然客体具有满足人的需要的价值，并提出地球资源的代内公正分配和代际的合理保留。西方现代人类中心主义者墨迪（William H. Murdy）进一步阐发了弱人类中心主义思想。在他看来，人类的利益高于其他自然物的利益，人类在自然界中占有独特优势地位，具有特殊的文化、知识和创造能力，自然中一切事物均有价值，人类的优势力量在于可以揭示自然事物的客观规律和内在价值。人类行为选择的自由是被自然界整体动态结构的生态极限所束缚着的，人类行为必须保持在自然系统价值的限度内，所以，人类中心主义理论结构中应包括非人类的组成部分，承认人类不能离开自然环境而生存，进而主张在保护人类利益的同时也保护自然环境的利益。

二 非人类中心主义

随着西方生态伦理学的发展，部分学者开始批判和质疑人类中心主义观点，意图重新审视和处理人与自然的关系，提供一种新的价值和伦理观念。他们反对将人类利益作为处理人与自然关系的根本尺度，反对人与自然的不平等关系。他们努力打破传统生态伦理学研究的局限，把伦理道德关怀的对象从人类社会扩展到自然存在物，认为仅从人类的利益和价值出发去保护自然环境是狭隘的，这样实际上缩小了自然环境的内涵，人类应该承认人与自然的平等关系，并建立一种把生物联合体的其他成员也包括进去的新道德。人类是整个自然界中的一个普通成员，地球生命共同体中其他非人类生命和生态系统均具有自身的系统价值和内在价值。这种思想显然超越了人类中心主义规定的视域，将道德对象的资格赋予了人之外的自然存在物，从而被认为是生态伦理学上的一次革命，其思想主张也被称为"非人类中心主义"的生态伦理学。

（一）动物解放（权利）论

历史上常常是把除了人以外的动物置于道德关怀范围之外，拒绝承认动物拥有权利。20 世纪 70 年代以后，生态伦理随着动物保护运动的兴起出现新动向，一些动物解放运动代表人物提出动物权利的生态伦理思想，把道德关怀和权利主体范围由人扩展至动物。这是非人类中心主义生态伦理的一个重要代表思想派别。澳大利亚学者辛格（Peter Singer）就是动物解放论思想的杰出代表。他在其代表作《动物的解放》和《实践伦理学》中指出，应根据某一主体感受快乐与痛苦的能力来判断人或动物是否属于价值主体和是否拥有道德属性。他认为在感受快乐和痛苦的能力方面动物与人是相似的，因此动物应该享有与人类同样的道德权利。人类不应该否认动物的内在价值，人类应该保护动物的利益，尊重动物的权利。辛格还建议人类不能为了实现自身的利益而给动物带来更大的伤害行为。另一个动物权利论的著名代表人物汤姆雷根（Tom Regan）从道义论伦理学角度出发，主张动物也是天赋价值的生命主体，应该有道德地位，有资格获得道德关怀。他还提出，动物权利运动是人权运动的一部分。

（二）生物平等主义

生物平等主义，也可称为生物中心论，其思想主张是要把道德范围拓展到所有生命体，呼吁人类要对一切有机生命承担道义责任。生物平等主义思想首先始于阿尔贝特·施韦泽（Albert Schweitzer），在其《文明的哲学：文化与伦理学》中提出"敬畏生命"的科学命题。他指出："敬畏生命的伦理学否认高级的和低级的、富有价值的和缺少价值的生命之间的区分。"[①] 他主张要像敬畏自己的生命那样敬畏所有的生命意志，满怀同情地对待生存于自己之外的所有生命意志。泰勒（P. Taylor）秉承和发扬了施韦泽"敬畏生命"的主张，提出"尊重大自然"的思想和号召。泰勒把自然界描述为所有生物组成的一个相互联系、相互依赖的生命系统，这是一个"由植物和动物组成的、联系密切相互合作的联邦"。一切生命个体都应该有独特的内在价值，都应享有道德上的尊重。所谓尊重大自然，就是把所有的生命都视为拥有同等的天赋价值和相同道德地位的实体，使得它们都有权获得同等的关心和照顾。

（三）生态整体主义

生态整体主义，也称生态中心论，强调把人类道德关怀和权利主体范

---

① 阿尔贝特·施韦泽：《敬畏生命》，陈泽环译，上海社会科学院出版社 1992 年版，第 131 页。

围扩展至生态系统、自然过程以及其他自然存在物。这与生物平等主义着眼于"个体主义的"有机生物生命个体不同,生态整体主义价值观从本质上是"整体主义的",更加关注生态共同体而非有机个体。生态整体主义认为,整个生物圈是一个系统整体,包括物种、人类、大地和生态系统,自然万物有其自在的独立价值,而且生态系统本身也有其自在的独立价值,人类应承认整个大自然的主体权利,并将道德关怀从人类延伸至整个大自然。其代表人物利奥波德指出,物种在生态系统中所发挥的功能类似于机器的部件,要"像一座山一样思考",即从整体主义和非人类中心论的角度考虑问题。他甚至提出土地伦理的概念,他主张要把道德共同体的界限扩展,使之包括土壤、水、植物和动物,或者由它们组成的整体——土地,并把人的角色从土地共同体的征服者改变成其平等的一员和公民。它暗含着对每个成员的尊敬,也包括对这个共同体本身的尊敬。[①]生态整体主义彻底超越了传统人类中心主义以人类利益为根本的价值尺度,也突破和超越了动物解放权利论和生物平等主义的思想,展示了一种整体主义而非个体主义的观念。

第五节 科学技术的生态关怀与维护环境正义

当前对自然生态平衡影响和干扰最大的已经不是自然因素,而是人为因素,科学技术在其中扮演着突出的角色,因此,我们必须要为人类确立正确的科技发展和应用方向,为我们在科技发展应用过程中有效维护生态系统的和谐与平衡提供正确的理论导向和行动规范。即科学技术的发展应用必须体现其生态关怀,必须维护环境正义。

一 科学技术生态关怀和维护环境正义的基本原则

诚然,科学技术的生态关怀与其人文关怀具有内在的一致性,但生态关怀高于人文关怀,或者说生态关怀是人文关怀最基本、最核心的层面。生态关怀的核心,是关怀生态系统的和谐与平衡,关怀人、社会和自然的协调发展。关怀生态就是关怀人类本身,同时意味着关怀整个人类社会的前途和命运。若从自然环境的权利价值方面来理解,科学技术的生态关怀

---

① [美]利奥波德:《沙乡年鉴》,侯文蕙译,吉林人民出版社1999年版,第194页。

也就是维护环境正义。20世纪随着伦理学的产生和发展，正义的内涵和范畴得到新的阐释，正义的内涵范围由人类社会扩展到自然界，由代内正义扩展到了代际正义。当然，环境正义是企图用正义的原则来协调人、社会与自然的关系，它关注人类的正常合理需要，关注社会的文明和进步，其主要旨归是要求建立可持续发展的环境公正，实现人类在环境利益上的公平公正，期望每个人都能在一个平等的限度上享受自然资源与生存空间。因此，科学技术的生态关怀和维护环境正义必须遵循以下原则：

（一）整体性可持续发展原则

世界作为一个由自然界、人类社会和人类精神共同构成的整体系统，其各个部分是相互依存、相互制约的，只有全世界范围的共同发展才是真正的发展。科学技术的生态关怀不是主张以停滞发展为代价来保护生态，相反，它主张全世界的整体性发展作为首要原则。发展是人类共同的和普遍的权利与愿望，也是自然界和人类社会不可扭转的客观趋势。但这里发展的概念不是一个单纯的经济概念，发展不简单等同于经济增长，发展是一个集自然、社会、经济、文化等多项因素于一体的完整现象。坚持整体性发展原则，就是要把人类及其社会作为世界的一个部分、方面、环节来看待，把自然界的发展、经济的发展、文化的发展置于整个世界发展的整体中，用整体的观点去看待社会发展各要素之间的相互关系和发展，用整体的观点去评价世界的社会发展和进步；坚持可持续发展原则，就是从人类的长远利益出发，追求发展的可持续性和世界的永续发展。首先，科学技术发展应用强调可持续利用。可持续利用的核心是技术利用资源的"度"，科技指导下的人类实践对自然资源的利用必须有"度"，这个"度"就是自然资源的承载、再生和永续能力。科学技术维护环境正义必须主张人类应当改变粗放的生活形态，减少资源耗费，人类及所有生物应当对自然资源进行合乎伦理道德的、平衡的、负责任的利用，以维系发展之永续。其次，科学技术的生态关怀必须指向停止生产并有效管理有毒、有害物质，维护环境正义要求所有科学技术的生产者和使用者在有可能制造出该类物质时，应当以高度负责任的态度考虑如何消除或控制该类有害物质。

（二）平等尊重原则

由于科学技术发展应用的不平衡，它在给一部分人带来便捷与利益的同时，也很可能对另一部分人造成麻烦和困难；由于自然界的客体受动地位，科学技术应用主体在获取利益的同时，也很可能忽视自然客体的承载能力。因此，科学技术的生态关怀既要实现当代人在利用自然资源满足自身利益上的机会平等、责任平等，又要考虑当代人与后代人对自然资源的享有权利上的机会均等；既要考虑主体的需要，也要考虑客体的承载。具体来说，首先，科学技术的发展应用要考虑尊重自然客体，树立大自然的尊严。维护环境正义主张应当平等地看待我们赖以生存的地球、生态系统及所有物种之间的相互依存关系。科学技术应该有责任有义务保证地球母亲的神圣和生态系统的统一，避免生态环境遭到破坏。其次，科技的发展应用要尊重所有人的自主权和平等的参与权，其生态关怀要体现主张所有人类在政治、经济、文化及环境上均享有其基本的自主权。任何强势者都不得违背弱势者的意愿，滥施权力。科技实践中要严格执行（实验和研究中的）知情同意原则，积极引导公众的多方参与和监督。要求在需求评估、计划、执行实施和评价在内的所有决策过程中，人们享有平等参与权。最后，科技的生态关怀还要体现尊重所有地区民众优秀文化，保持文化的多样性，不能歧视异族文化传统。我们要尊重所有社区的文化完整性，并为其提供公平使用所有资源的途径，确认所有民族享有基本的政治、经济、文化与环境的自决权。

（三）有效补偿补救原则

当前科学技术的发展应用已经对自然生态系统和整个人类社会造成一定影响和破坏，科学技术的未来发展应用必须强调对已有的和潜在的破坏做出补救补偿。根据罗尔斯在《正义论》中提出的"差异原则"，社会利益的分配应当使最少受惠者得到最大的利益。对于科技实践造成生态破坏这种非正义事件的受害者，当然应给予合理而充分的赔偿及身心救治，使其所受之害得到补偿和复原。因此，要确立"谁污染破坏，谁补救治理"，"谁受益，谁补偿"的原则，保护处于"环境不公正"境遇的受害者得到所受损害的全部赔偿、赔款以及接受优质的医疗服务的权利。

二　科学技术生态关怀和维护环境正义的基本路径

当前自然生态问题呈现于三个突出的悖论情景之下，即宏观生态问题显然不是单纯的科学技术问题，但微观的生态问题却又无一例外与科学技术相关；微观的生态问题显然不是单纯的政治管理问题，但宏观生态问题却又无一例外与缺乏有预见性的制度约束人类行为有关；宏观生态问题看似是人类非理性发展造成的，但其实是由于每一个现实的具体的人做出的理性选择形成的合理的结果。因此，生态问题的解决之道在于科学技术的生态转换和人的生态理性启蒙。换句话说，人类面临的生态环境问题最终还是要靠科技手段去解决，但仅仅依靠科技本身的力量不可能解决所有的问题，毕竟生态环境问题是政治、经济、伦理、科技等多种因素共同作用的综合结果。借助于科学技术的生态关怀，可以调整规范当代科技发展的形式与走向及在具体应用过程中的行为活动，有效维护环境正义，从而朝着有利于人与自然协调发展的方向前进。

（一）科技共同体的生态理性启蒙

科学技术不单纯是一种外在于人的知识与能力结果，而是现实生活中活生生的人正在从事着的人类实践活动。科技活动的影响必然同关涉行为后果的"主体责任"紧密相连。因此，从根本上解决科技应用中出现的生态问题，取决于人类主体自身的素质，取决于人类科技伦理意识和生态环境伦理意识的启蒙与提高，特别是科技共同体的生态理性启蒙。虽然科学家素以揭示自然客观规律为己任，但是对规律的应用及其后果也应该负有不可推卸的责任。作为科学技术和环境伦理意识的主要载体，科技共同体应比一般人承担更多的生态责任。因此，科技共同体应该成为全人类生态启蒙的先行者。

科技共同体应以保护生态环境、保护自然资源和确保可持续发展作为研究目标，把全人类的整体利益、长远利益作为研究和开发的准绳。科技共同体应本着对人与自然协调发展负责的态度，普遍承认自然界的价值权力，发展和研究新的科学技术，不断改善生态环境，合理利用自然资源，使人与自然得到协调发展。科技共同体的生态理性启蒙和生态价值观的确立，主要是通过内外结合的路径来完成的。从内部来讲，就是科技共同体自身通过自我学习和察悟，自觉地将生态价值观内化为自己的世界观和职业素养。从外部来说，就是加强对科技共同体的生态环境道德教育，通过外部启发树立生态思维。现阶段，我国生态环境伦理教育并未引起足够的重视，虽然国内的生态保护运动和生态教育逐步兴起，但国民整体的生态素质教育还不能完全适应当前我国发展科技、保护生态环境、建设和谐社会的需要。要真正提高科技共同体的生态伦理水平，政府必须在各个阶段采取广泛的强制性教育措施，并且要建立完整的生态环境伦理教育体系，应把生态环境伦理教育渗透学校教育、社会教育和家庭教育的各个方面，加深人们特别是科技共同体对生态环境问题的整体认识并明晰其背后蕴藏的生态价值取向，形成正确的生态价值观。

（二）科技研发和应用行为的生态价值观导向与规约

道德伦理和法律是协调人类社会实践生活的两种不同手段，二者之间是相辅相成的关系。生态伦理也是一种潜移默化的东西，在具体科技实践活动中注重的是人们自觉性的生态行为培养和自我约束控制。相对于生态伦理的这种软控制来说，法律法规更具有它的强制性和权威性，它可以上升为具体的条条框框，使人们在具体的科技实践活动中有理性的约束。反过来，这种硬约束成为习惯也可能内化为价值观的东西不知不觉地起作用。因此，真正实现科学技术的生态关怀，必须在生态理性启蒙的基础上，加强科技研发和应用行为的生态价值观导向与规约。换句话说，就是可以将法制作为伦理规范的一种补充，即在具体的科技实践活动中将二者有机结合、刚柔并济，从而更有效地发挥科技的积极作用，抑制科学技术的生态负效应。

这就需要在整个科技共同体范围内建构明确的生态伦理规范与生态伦理考核体系，把生态意识及科技行为的生态后果作为考量科技工作者的一个重要优先指标。首先，要通过法律和制度途径，确立科技生态评价的权威地位。从科技评估机构和生态评估机构中独立出专业的科技生态评价机构，对各种研发和应用的科技项目的生态环境评估具有权威性，不能通过该方面的评审，任何科技项目都不准予研发和应用。其次，要完善公众参与。对即将研发和应用的科技所涉及的生态环境伦理等相关问题进行广泛、深入、具体的讨论，使支持方、反对方和持审慎态度者三方的立场及其前提充分地展现在社会公众面前，然后通过层层深入的探讨和磋商，对该科技在生态伦理上可接受的条件形成一定程度的共识，使科技在这一共识所允许的范围之内研发和应用。这样可以加强对科技主体的监督，遏制部分科技工作者为一己之私利而滥用科技。最后，还要对通过评审的科技项目进行生态环境保护跟踪调查，一旦出现了问题，要对该项目重新进行全面评审。通过科技立法对科学技术的开发和使用进行全程有效控制，要求科技立法应设立论证和预警程序，充分估计和客观评价科学技术的负面影响，并进行审慎的选择，以防止科学技术所带来的潜在风险。

第四章 学科域：各门学科的自然科学技术伦理问题

作为一种应用伦理学，科技伦理从本质上就是关于如何运用道德伦理规范去分析解决科技领域中具体道德问题的学问。只有建立在具体专业学科领域道德问题研究基础之上，才能真正从总体上回答为什么进行科学技术研究、如何运用科学技术成果、科学技术为谁服务等问题。没有对具体专业科技领域道德问题的深入研究，就不可能真正建立起科学的、完整的科技伦理学。当今世界，新科技革命的迅速兴起给人们带来了全新的生活体验，但同时也带来了许多前所未有的道德问题。可以断言，随着科学技术的发展，与之相应的道德问题的研究也将不断深入。科学技术发展无止境，相应道德问题的研究也无止境。本章从"学科域"的视野来观察分析科技伦理问题，就是尝试把伦理学的一些规范性研究成果和思维方式应用于具体的科学技术领域，解决科技实践活动中引人注目的某些争议现象的道德评价问题。当然，由于自然科学技术发展到今天，"科技"的大树已经枝繁叶茂，其体系庞杂、内容繁多，本书不可能面面俱到，涵盖各专业领域和技术门类，也不可能马上给出解决当前各学科伦理困境的灵丹妙药。只能是就当前比较集中的道德争议话题所属的学科领域展开讨论，如生命科技的伦理问题、纳米科技的伦理问题、核技术的伦理问题、信息网络科技的伦理问题等，以期明确梳理问题，恰当评价分析困境，得到有益启示。

第一节 生命科技的伦理问题及其思考

20世纪以来，生物医学领域的生命科学技术取得了迅猛发展，生命科技不仅揭开了很多过去不为人知的生命奥秘，展示了人类的深层生命机理,而且生命科技应用于临床医学,使过去很多不可能发生的生命事件成为可能,甚至可以在一定程度上操纵基因、细胞、胚胎、器官,从而控制人的生长发育、实践行为、情感情绪等。生命科技一方面带来了明显的技术福利:扩大了人们在生物医学领域的新视野,增进了人类健康,提高了人类生活水准,预防和治疗了许多人类疾病;另一方面生命科技也伴随着许多生理、心理、社会层面的技术风险。在面对安乐死、代理母亲、克隆人、基因治疗等生命科技实践行为时,"人择"挑战"天择","人工"挑战"自然",传统的生命、家庭价值和伦理秩序何去何从?人们必须以负责的态度对此做出道德价值判断,对其行为的选择所应依据的道德准则做出新的审视与重构。

一 当代生命科技引发的伦理问题

生命科技是指人类对生物资源生命现象的探索以及对生物资源利用、改造的科学技术。生物技术以生命科学为基础,利用生物或生物细胞组织成分的特性和功能,结合工程技术原理设计、构建具有预期性的新物质、新的生物品种,以为社会提供商品和服务。20世纪中叶以来,随着分子生物学的诞生,现代生物技术蓬勃兴起,主要包括基因工程、细胞工程、微生物工程和生物酶工程等技术形态。作为一门新兴的高新科技,生命科技的发展已经成为影响当今人类存在与发展的重要动力之一。

由于当今每个人从出生、生存到死亡的整个生命过程几乎都受到生命科技的干预,人类自身成为生命科技研究和应用所关涉的重要对象之一,比如代孕、试管婴儿、堕胎、器官移植、安乐死、克隆等,生命科技对人的生命给予了强有力的干预;与此同时,我们又生活在一个多元文化和多元价值的时代,人们面对胚胎是不是人、脑死亡是否还要挽救、痛苦不堪的病人是否有权要求结束自己的生命等诸如此类的问题时,不同文化背景和价值观可能有不同回答。因此,生命科技实践在面对有关人的生命和医疗行为进行操作决策时往往存在诸多两难或多难的选择问题,科技实践主体不仅要考虑技术上能不能行的问题,还要考虑伦理上应不应该做的问题。

(一)基因技术伦理

基因是英语"gene"的音译,原意是"生育"、"开始"的意思。它是决定一个生物物种的所有生命现象的最基本的因子,是 DNA 分子上具有遗传效应的特定核苷酸序列的总称。20世纪初,丹麦学者约翰逊在著名生物遗传学奠基人孟德尔发现的"遗传因子"基础上提出,基因是用以指任何生物中控制遗传性状而其遗传规律又符合孟德尔定律的遗传因子。其后,随着分子生物学的发展逐渐揭开了基因的秘密,尤其是沃森和克里克提出 DNA 双螺旋结构和中心法则的建立,使人们知道了生物的一切性状都是由被称作"基因"的 DNA 分子片断决定的。在遗传生物学视域中,基因是"DNA 分子上含特定遗传信息的核苷酸序列的总称,是遗传物质的最小功能单位"。[①] 基于分子生物学认识,如果能够使这些基因分离、剪接和重组,并转入宿主细胞加以复制和繁殖,就完全可以按人们的要求改变生物的基因、改变生物的物种、改变生物的性状,进而控制和改变人种自身。20 世纪六七十年代,随着核酸限制内切酶和 DNA 连接酶的发现和应用,人们可以对 DNA 分子进行体外切割和链接,即 DNA 分子重组,该技术的发明和应用,标志着基因技术时代的来临。到 20 世纪 80 年代,DNA 重组技术日趋成熟,利用该技术,人们可以按照自己的意愿定向的改造动物、植物,甚至人类自身,这使得以基因治疗为主的人类基因工程技术不断发展。进入 21 世纪,随着人类基因组序列草图的绘就,基因技术研究跨入以功能基因组学、疾病基因组学为主的新时代。这时基因技术的主要任务就是揭示基因组及其所包含的全部基因的功能,阐明遗传、发育、进化、功能失调等基本的生命科学问题。由于基因技术将会对未来医学、生物学、社会和历史产生巨大的影响,甚至可能改变人类的未来,同时具有不可估量的商业价值和技术本身的诱惑力,人类基因组研究正飞速发展。但由此带来的相关伦理问题诸如基因隐私、基因歧视、基因专利等对传统的生命价值观、家庭伦理观和社会伦理秩序产生了一定冲击,引发了对人的主体性、尊严、生存风险的重新思考。

1. 基因治疗的技术风险问题

当前,从总体上看基因技术的发展尚未完全成熟,基因治疗的技术效果仍然存在不确定性、诱发癌变等安全性问题。若将尚未成熟的技术应用于人类最本质、最隐蔽的基因层面,一旦发生个人遗传信息的分析结果与基因医疗实践的误差和失准,由此导致的危险后果可能给人类带来难以复原的风险和伤害。当前基因治疗通常分两种类型:一是基因替换;二是基因添加。在基因替换或添加过程中,把新的基因准确导入体内数以亿计的

---

① 白玄、柳郁:《基因的革命》,中央文献出版社 2000 年版,第 72 页。

靶细胞是十分困难的,况且导致疾病产生的基因往往不止一种。即便是将基因运送到正确位置,使其正常运行也不是一件容易的事情,弄清基因和环境的相互作用并不简单,新插入的外源基因在体内的表达具有一定的随机性,往往难以控制。

2. 基因隐私与基因增强的社会风险问题

基因技术的风险不仅仅在于技术本身的安全性,更主要的在于基因技术带来的社会性挑战。随着人类基因组计划的成功实施,后基因组时代基因检测技术逐步成熟,其测序成本将大幅降低,个人基因组检测有望常规化、普及化,这无疑将使人类置身于高度的遗传风险之中。涉及家庭特有遗传信息的信息权利归属于谁?是归属于提供基因来源的个人或其家族?抑或归属于研究者?个人或家族对自身的信息是否有知情权?知情权如何实现?研究者是否应当像医生尊重病人的隐私权一样充分尊重该家族的遗传信息隐私权并履行保密义务?研究者是否应向该家族发出预警信号,甚至采取保护性、预防性措施呢?特别是当诊断结果与个人发展、家庭及其未来后代相关联时,谁有权掌握这一遗传信息呢?除当事人之外,其他利益相关者如配偶、养父母、保险公司、雇主等是否可以获悉他人的遗传信息?如果一个人的生物信息存在严重缺陷,如何保护其人格不受歧视?在疾病基因充分暴露后,人的工作权利、生育权利和婚配自由将如何保证?这些问题尚未解决。再如,人类可能由于某种主观愿望,使用以增强后代某种性状为主要目标的基因改良技术,使一部分人在某些方面变得更聪明、更强大;而另一部分人却因无力支付高昂费用而不能使用这种技术,改变了这种生来俱有的天赋公正。还有,基因资源的专利和争夺在国际社会中成为与人类基因组研究相伴随的一个重大伦理问题。许多人都看到,这里蕴藏着巨大的商业开发潜力。人们认识到基因是一种有限资源,基因就是财富。于是,基因公司纷纷成立,它们的目标是抢先发现与疾病有关或直接引发疾病的新基因,夺得这些基因的发明专利权,以垄断与这些基因有关的药物的研究、开发和销售市场。为了商业价值,在一段时间内,在未获得知情同意的情况下,发达国家从第三世界国家取得染色体改变等遗传材料,使人类基因研究演变成一场世界范围的人类基因资源争夺战。

3. 基因技术的生态风险问题

当前,基因技术能够实现在分子水平上对人类遗传物质进行操纵和修饰,甚至可能通过施行遗传控制的繁殖过程,全面再造整个物种。这样一来，不仅生命可以被创造，甚至新的物种都可以被创造，人类数百万年的进化历程通过基因操作技术在短时间内就可以完成，大大缩短了生物进化的历程，这不仅威胁到生物的多样性，而且有可能打破自然进化的生态平衡，造成不可预知的生态风险。不可否认，基因技术的迅猛发展，为人类创造了巨大的物质利益和财富，但也潜藏着无穷的隐患。一方面基因技术的生物安全性问题尚未有定论；另一方面生物的多样性面临严重危机。一直以来，物种的进化是在一个大时空尺度背景中，生命的多样性进行自然选择的事件，即我们常说的"物竞天择，适者生存"。而如今，"天择"的权威性受到"人择"的挑战，"人工"在很大程度上影响着"自然"。生命科技创造的"人择"时代即将到来，我们是否应该思考一下，当我们为生命重新编制遗传密码时，我们是否可能因打断了亿万年来的进化过程而造成难以挽救的生态后果？

（二）克隆技术伦理

克隆又称无性繁殖细胞系或无性繁殖系，即通过无性繁殖（如细胞丝分裂）可连续传代并形成的群体，常用于细胞水平的描述，一般是指一个细胞或个体以无性方式重复分裂或繁殖所产生的一群细胞或一群个体，在不发生突变情况下，它们具有完全相同的遗传结构。克隆有广义和狭义之分。广义的克隆包括所有无性生殖所产生的细胞、组织、器官或个体，这里所说的无性生殖既包含自然条件下产生的无性生殖，也包括人工无性繁殖即体细胞核的转移技术，而狭义的克隆仅是指人工的体细胞核的转移技术。

其实，广义克隆现象在自然界中是非常普遍的，春天里，人们剪下某种植物枝条，扦插到土地里，不久就会发芽长出新的植株，这些植株的遗传物质组成完全相同，这就是"克隆"。还有将马铃薯等植物的块茎切成许多小块进行繁殖，这其实也是克隆体。所有这些都是植物的无性繁殖，它非常普遍，几乎每个人都观察过。在动物界也有无性繁殖，不过多见于非脊椎动物，如原生动物的分裂繁殖、尾索类动物的生殖等。人类自然繁殖中其实也有克隆，由于在胚胎发育早期发生分裂，形成两个完全相同胚胎的同卵双生子就是彼此的克隆体。目前，世界上有大约800多万同卵双生子，因而已有800多万的人类克隆体活在世上。但是，对于高级动物而言，在自然条件下进行无性繁殖还是很偶然、很困难的事件，一般只能通过有性繁殖来繁衍后代。所以进行高级动物的无性繁殖，一般要经过科学家一系列复杂的人工操作程序才能实现,这种操作就是"克隆技术"。

当前,人们对克隆伦理的争论事实上集中在狭义克隆问题,尤其是集中在克隆人的问题上。克隆人按照克隆目的又可分为治疗性克隆和生殖性克隆。生殖性克隆就是以克隆完整的个体为目的的克隆;治疗性克隆是利用克隆技术产生出特定的细胞和组织(如皮肤、神经或肌肉)用于治疗性移植。虽然两者都是通过把核从体细胞转移到去核卵细胞内的同一种技术,但其根本目的是完全不同的。在探讨克隆伦理时二者不能混为一谈。

1. 生殖性克隆伦理问题

生殖性克隆是为了复制一个与已经生活在地球上的人遗传特性相同的人,实际是一种人工诱导的无性生殖,这也就是人们常说的"克隆人"。随着克隆技术的进步,克隆人的争议日趋热烈,反对声音日益高涨。这种生殖性克隆的主要争论问题在于:

第一,克隆人对参与主体而言存在极大的技术风险和安全隐患。当前克隆动物的实验表明,克隆成功率并不高,克隆羊"多莉"的实验从第一个细胞核移植到成功出生,成功率是1/434。[①] 在现有技术条件下,克隆人恐怕比克隆羊成功率还要低得多。在如此低成功率且克隆后代容易有遗传缺陷的情况下进行克隆人,不仅对克隆婴儿极不安全,而且,克隆还需要妇女供应大量卵细胞,还要寻找代孕母亲来培育克隆婴儿,这可能对供卵妇女和代孕母亲的身心带来严重伤害。另外,即使在动物实验中成功率大大提高也不能保证克隆人的成功率,要想证明在人身上的成功,就必须在人身上做实验,这永远存在着不可逾越的伦理鸿沟。

第二,克隆人本身的心理可能受到伤害。即便一个人类个体被成功克隆,因为克隆人是供体人的复制品,其遗传基因的外观和供体人一模一样,但其身份就失去一般人的独特性。社会问题就这样凸显出来,在超过一个以上的克隆复制时,克隆人将是一个毫无独特存在的价值个体,每一个复制人都可以为另一个复制人所取代。此时,克隆人可能丧失人格尊严,丧失主动性,缺乏足够的自我认同感,其潜在的自卑等心理状况将关系到他们的人格的完整,进而影响他们与其他人的相处、沟通和接纳。

第三,克隆人可能扰乱家庭结构,冲击现有的社会关系和社会秩序。

[①] 李建会:《与善同行——当代科技前沿的伦理问题与价值抉择》,中国社会科学出版社2013年版,第318页。

克隆人的出现，将打破男女结合的自然生育模式，非两性结合的单亲家庭比例有可能上升，人类社会整个家庭的内在结构可能会发生变化。克隆人与其供体之间存在复杂的伦理关系，通常定义的父子或母子关系也会出现问题。若克隆人的出生与供体相差几年以上，他与供体更像同卵孪生兄弟或姐妹，而不同于通常具有父母双亲遗传因子的两性婚生子女后代。若供体有配偶，克隆人后代与其配偶的关系如何定义？若供体已有婚生子女，那么克隆人与这些子女的关系又是怎样的？这些错综复杂的伦理关系很容易会引出权利、义务的混淆不清，会破坏正常的社会关系与社会秩序，并导致生活中诸如遗产继承等法律上的纠纷，同时将会大大提高家庭内部成员之间竞争、敌对、嫉妒和夫妻关系紧张的危险。另外，克隆人技术有可能被利益集团或反社会力量利用，这将会对社会带来极大的危害。若种族主义者用克隆技术来培育所谓"优秀"民族，贪婪的企业主可能用克隆技术来繁育适应特别环境的劳工，战争狂人用克隆技术复制英勇的士兵，诸如此类的行为将严重损害正常的社会秩序。

第四，克隆人打破了生殖自然，有可能影响正常的人类多样性进化。人类的进化史已有数百万年，在这漫长的过程中人类能够在各种恶劣环境下生存和发展，是人类不断进化的结果。其中两性繁殖也是进化的结果，两性繁殖利于基因的新的组合，出现多样化进化的可能性大大提高。而"克隆"是无性繁殖，是"复制"亲本的基因，其结果是单一化，这不利于人类物种的进化。从高级的有性繁殖退回到低级的无性繁殖，这明显是有悖于进化规律的。对于克隆人引起的"优生"问题也引起了争论："优生"的标准是什么？我们把自己认定的美丽、聪明、健康、善良等价值标准强加给克隆的后代人身上难道就是"优生"吗？如果世界上都是一模一样的"完美"者，会不会令人乏味，甚至带来无法预料的灾难？

2. 治疗性克隆伦理问题

治疗性克隆是从克隆出的胚胎那里获取干细胞，使之定向分化为某类细胞、组织、器官，用于治疗人类疾病的克隆技术。为了获得在遗传上与病人完全相同的组织细胞，必须经过核移植处理：即把患者的体细胞核取出来，转入去核的卵细胞中，在体外发育成一个"胚胎"，即囊胚，然后取其内细胞群，制备成单个的胚胎干细胞，并在体外诱导分化为不同的组织细胞。由于这些细胞和组织的DNA编码和基因表达与供核者完全一致，所以移植后不会受到免疫排斥，从而避免了进行异体移植患者长期使用免疫抑制剂增加感染和癌变的风险。

在治疗性克隆技术上大多数人持支持意见，认为治疗性克隆是以治疗疾病为目的的，可以为病人生产无排异反应的细胞、组织和器官。但也有人反对治疗性克隆，他们认为人类胚胎在价值上等同于人的生命，治疗性克隆只是需要从胚胎中提取干细胞，并不需要将胚胎植入子宫，而是毁掉胚胎。这样以制造胚胎并以毁掉胚胎为代价的疾病治疗无异于谋杀生命，因此是极不道德的行为。治疗性克隆技术首先产生出的也是一个人类的胚胎，是一个"潜在的人"，若把他们作为备用器官的工具箱，像成批制造产品一样获取器官、组织是不人道、不合理的。当然也有人担心，一旦治疗性克隆的方便之门被打开，很难保证治疗性克隆不会滑向生殖性克隆的深渊。

（三）器官移植的伦理问题

人体器官移植技术是近代医学史上最伟大的医学成就之一，它开创了恢复人体衰竭器官功能的先河，是将一个个体的器官移植到另一个个体身上某一部位的技术。目前临床常见的器官移植主要有肾脏移植、心脏移植、肝脏移植、骨髓移植、胰脏移植、脾脏移植、角膜移植和皮肤移植等。按照供体和受体是否同种族划分，可分为同种器官移植和异种器官移植；按照移植器官的来源不同，可以分为活体器官移植、尸体器官移植和人造器官移植。同种自体的器官移植和人造器官的移植基本不存在什么伦理争论，而其他类型的器官移植则不可避免地带来各种伦理困惑。

首先，应不应该器官移植？支持方普遍认为器官移植是一种有利于人类健康、符合伦理原则的医学行为，器官移植具有崇高的医学人道主义价值，一个人献出自己的器官在道德上是更完美的人。为他人的生命而献出自己的器官，这是一种利他的行为、慈善的行为，器官移植彰显了人类的团结互助。但也有人对器官移植的道德完满性持怀疑甚至否定态度。其一，反对者认为器官移植供体不足是世界性难题，推行器官移植可能催生出器官买卖市场，引发道德危机。其二，器官移植很难实现供受体双方的利益，还有可能破坏受体的人格同一性，比如，大脑的供体和大脑的受体，这两者究竟谁是生命的主体？其三，有违传统的生要全肤、死要全尸的价值伦理观。

其次，移植器官应该来源于何时何处？当前医学实践中，脑死亡对于器官移植具有重要的意义。但在哪一刻人才算是真正"死亡"了呢？是否可以认定死者会自动同意切除器官？异种器官移植对人类是否安全？怎样做胎儿组织器官移植才能合乎伦理？这些问题都困扰着器官移植技术的发展和应用。从科学的观点来看，为了使移植手术成功，从器官摘出到器官移植的速度越快越好。新鲜而有活力的供体器官移植不仅可以提高器官移植的成功率，而且有利于病人术后的生存和存活期。但是脑死亡的标准一直存有争议，其立法也就成为难题。另外，异种器官移植虽然已攻克许多难题，但其中有一些问题有待于研究。例如，若是将动物器官移植入人体，有些对动物无害但对人体有害的病毒是否可能通过异种移植传播给人类？从动物伦理的角度，摘取动物器官为人类服务是合理的吗？还有，胎儿组织由于其抗原弱、排斥反应小、成功率高，目前被多用于器官移植，但这种以人类胎儿为手段服务于利他目的的行为引起很大争议。由于这种胎儿组织的器官移植技术，导致部分妇女受利益驱使滥施人工流产，还有可能对妇女造成压力和剥削。

再次，移植器官如何公正分配？由于器官供不应求，器官分配成为很严重的伦理问题。医生将等待器官移植的病人列入待移植器官名单后，当有了可供移植的器官时，用什么样的标准来挑选病人呢？等待时间最长的病人应该受到优先还是病情最危急的病人应该优先吗？谁能最好地利用那个器官？谁又是最可能移植成功的待移植者？在做出上述一系列决定时应该考虑心理因素和社会因素吗？由于身体器官被视为一种稀有资源，是否应有器官市场？对这种极有限的资源如何进行分配才能体现出其公平，必须有合理的选择标准才行。

（四）生命维持及安乐死技术伦理问题

随着科学进步和医学技术发展，人类战胜疾病和死亡的能力空前提高，但是，这一切并没有解决人类在死亡问题上的困惑，相反陷入了更深的困境之中。死亡到底是什么？几千年来，人类对死亡的判定是基于心脏跳动停止和呼吸停止这个标准的。然而由于依据传统的死亡判断标准在实践过程中总是遇到反常情况，随着医学的发展，人们提出新的死亡标准，即科学家提出的"脑死亡"概念。脑死亡就是某种病理原因中由外伤引起脑组织缺氧、缺血、受损或坏死，致使脑组织机能和呼吸中枢机能达到不可逆的消失阶段，最终必然导致的病理死亡。脑死亡概念目前正在逐步取代传统医学所认定的死亡的心搏、呼吸完全停止的死亡概念。

一个人的生物学生命在继续，而人的真正生命在任何意义上说都已停止：一种情况是病人处于不可逆的昏迷中，即只是植物性的存在；另一种情况是病人只能在难以忍受的疼痛和药物引起的麻木之间交替存在，这个人的生命质量已经退化，生命已经失去了意义。对于这种情况，本人以及他周围的人会希望死亡快点来临，对这样的人来说，活着比死亡更痛苦。但是结束生命和继续维持生命都可能引起社会伦理甚至法律问题，能否使用医学技术阻止或延迟死亡？能否让明知不可挽回生命的患者无痛苦安乐地提前死去？这就是当前生命维持技术和安乐死技术争论的核心问题。

围绕生命维持和安乐死是否符合道德的问题争论旷日持久，赞成和反对维持生命或安乐死的人各执一词，互不相让。有人认为，个人的生命属于个人，个人有权处理自己，包括选择结束自己生命的方式，安乐死体现了生命神圣、生命质量和生命价值原则，安乐死也有利于卫生资源的合理分配。但也有人针锋相对地指出：人有生的权利，但任何人都不能人为地主动结束一个人的生命，安乐死的人选择安乐死或许是出于病人的意愿，但在病痛、恐惧和精神压力的情况下，病人及其家人或许做出的并不是合理的决定。另外，医生、病人家属还可能为了个人利益利用安乐死谋杀病人。

（五）辅助生殖技术的伦理

辅助生殖技术亦称医学助孕，旨在治疗不育夫妇以达到生育的目的，也是生育调节的主要组成部分。辅助生殖技术包括人工授精、体外受精、代孕母亲等。辅助生殖技术在给人类带来福音的同时，也引发了一系列伦理问题，主要表现在：

第一，同一供精者生育的多个后代，由于过程保密，供者、受者及后代均互不认识，可能会相互婚配。

第二，人工授精走向商业化，可能为了获利而忽视精子质量，将最终影响人类生存质量。

第三，人工授精把生儿育女变成"配种"，把家庭的神圣殿堂变成一个"生物学实验室"，从而破坏了婚姻关系。

第四，实施辅助生殖技术时不遵守一定的传统伦理道德，将会引起家庭关系的混乱。生物学的父母与社会学的父母发生了分离，遗传学的父母与法律的父母发生了分离，从而扰乱血缘关系和社会人伦关系，使传统亲子观念的道德受到冲击，由生殖技术带来的亲子关系分离的案例时有发生。

第五，代孕母亲的出现，影响家庭的稳定性，还可能会导致人类生育动机发生变化，把育子推向市场。

二 生命科技伦理应遵循的原则

现代生命科技迅速发展，其涉及的伦理问题也异常纷繁复杂。面对这些问题，不论是功利主义的、契约主义的还是德性论或是道义论的伦理学的论证都很难实现高度统一。但如何解决生命科技伦理难题及其道德争端呢？只有通过对话与协商。正如恩格尔哈特所说："如果人们不能通过圆满的理性论证来确定一种具体的道德作为标准的、决定的东西，那么道德和道德指导的权威的唯一来源就是同意。"[①] 经过科学家、医学工作者、公众等多方主体的活动实践与协商，生命科技伦理应遵循的"允许和自主、不伤害、公平和正义、有利和行善"四原则作为一种普遍的原则逐渐被广泛地接受，并已经成为许多科学家、医学工作者、管理者和公众在生物科技研究和医疗实践的伦理指导。当然，任何道德原则都不可能是万能的，也没有人能够提出一个完整原则方案一劳永逸地解决道德难题之间的冲突。伦理原则尽管对社会有普遍的约束力，但它并不具有法律的强制性，在生命科技伦理道德问题层出不穷的今天，人们道德选择能力增强，道德趋向多元化，我们更需要对原则的灵活应用，需要不同文化、不同社会群体和不同人们之间的交流和对话，适时调整和发展生命科技的伦理原则。

（一）允许和自主原则

允许和自主原则，即涉及某人的行为或行动必须得到某人的自主同意或允许，未经当事人同意和允许而采取行动是没有道德权威的，或者是不道德的。允许和自主原则是生命科技伦理的核心原则。它根源于强调个人自由和选择的自由主义道德与政治哲学传统。在道德哲学中，个人的自由关系到他的自我支配，是一种个人自由自主行为的形式，要求个人按照自己的意愿和选择来决定行为的过程。

允许和自主的原则表示的是对个人的自主和自由的保障，其核心是对人权的尊重，包含有知情同意、隐私权和保密等内容。在生物科技和医学研究中这些准则需要涉及受试者及病患者的自主性选择，而对于知情同

[①] [美] 恩格尔哈特：《生命伦理学基础》，范瑞平译，北京大学出版社2006年版，第3页。

意、隐私权、保密等规则的客观要求则体现了自主选择和允许的充分性。

允许原则实现的根本途径就是知情同意。所谓知情，是指研究者或医生在研究和治疗之前要充分告知受试者或病患者研究或治疗的目的、方法、预期结果、潜在风险等内容，并确保其理解被告知的信息内容。所谓同意就是指受试者或病患者在理解被告知信息的前提下，有权利依据自己的意愿自由地做出同意或不同意接受试验或治疗的意思表示，并且不会有任何惩罚和附带条件。尊重自主性原则指的是尊重一个有自主能力的个体所做的自主选择，也就是承认该个体拥有基于个人价值信念而持有的看法，做出选择并采取行动的权利。换而言之，就是有能力做决定的病人应当享有权利选择、决定他所喜爱的试验或医疗行为方式，研究者和医务人员有义务尊重他们的决定，而对于缺乏自主能力的病人（如某些精神病患者、儿童）应当为其提供保障。

自主原则还体现于保护隐私和保密要求。隐私是一个人不容许他人随意侵入的领域，包括一个人的身体和私人信息。任何人都有一定范围的领域不容别人的侵入。研究者或医生所取得的受试者或病患者的研究结果以及与此有关的个人信息应属于保密范围。保守他们的秘密就是尊重他们的自主性。没有这种尊重，研究人员与受试者之间的信任关系就会受到严重影响。

（二）不伤害原则

不伤害原则强调行为主体在从事生命科技和医学研究应用时，应该尽最大努力避免伤害别人情况的发生，或者把伤害控制在最小限度范围内。不伤害原则要求行为主体首先应该杜绝故意的、不必要的伤害以及其他非医疗目的造成的伤害。但是，一般而言，伤害在临床诊治中是客观存在的现象，绝对避免是不现实的。在生物医学上，伤害包括身体的伤害、精神上的伤害以及经济利益的损失。医疗手段一旦实施，其影响和结果往往是双向的。即使是医疗上必需的，而且实施后能够达到预期目的的治疗手段，也会同时带来一些消极的伤害后果。在伤害难以避免时，行为主体应当把伤害控制在最小的安全的范围之内。当且仅当伤害是作为治疗所必需的间接效应时，这种伤害的发生才是合理的。不伤害原则的真正意义不在于要绝对消除所有伤害，而在于强调生命科技研究者或医生对受试者或病患者高度负责，强调保护受试者或病患者的健康和生命，使其正确对待治疗伤害的现象，努力避免不应有的伤害。

（三）公平和正义原则

所谓公平正义，就是对社会权利和义务的公平分配或安排，以及与此种分配或安排秩序相适宜的道德品质。公平正义的基本内涵集中反映社会对人民道德权利与道德义务的公平分配和正当要求，反映了人际关系中相互平等对待的方式和态度，反映行为人持有的真正品质。公正的实现是通过社会制度安排与价值导向所体现的，公正合理的伦理精神与规则秩序能有效制约人与人、个人与集体和集体之间的互动行为。特别是在生命科技与医学研究治疗领域，由于资源稀缺性更加突出，所以更应该注重公平正义原则在生物和医疗资源分配安排过程中发挥重要作用。具体体现为，在研究和治疗过程中要遵循社会正义，平等待人，不应因性别、年龄、种族、贫富等因素而区别对待，产生歧视；研究或治疗行为的受益或代价在各方之间应该得到公平的分配。

（四）有利和行善原则

有利和行善原则指的是生命科技领域的研究或治疗应该使有关各方尽量受益，要增进人类健康，延长人的寿命，为人类造福，做有利于人的事，研究或治疗主体应该本着向善、仁慈、利他主义的理念，从事关爱和人道的事业。一般而言，有利和行善的原则已远远地超出了法律上确保帮助他人利益的责任，人们并不拥有造福所有人的绝对义务，即广泛的行善义务。但在生命科技与医学的领域内履行给予病人善行的义务，积极的阻止并避免伤害是非常重要的，因为行善原则是医护人员必须遵守的原始义务，属于特定的行善义务。有利和行善原则包括有两个方面的含义。第一个是要求对病人确实有利，包括阻止、避免伤害以及提升福祉，称为"积极有利的原则"。第二个实际上是积极有利原则的补充，称作"效用原则"。效用原则要求主体的行为能够得到最大可能的好处而带来最小的危害，行为过程要进行代价与利益分析或风险与利益分析。为了使行为能对受试者或病患者有利，就要应用充分权衡各方面的得失。

三　生命科技领域的伦理治理

生命科技的发展应用与人类生活质量甚至生命存亡息息相关，生命科技前沿研究引发的各种伦理问题应该受到高度重视，特别是作为国家层面的政府管理者，应该综合运用各种方法，系统治理生命科技领域的技术和伦理风险，使生命科技造福人类。

第一，建立健全具体的伦理准则和法律法规，并加强伦理审查，依法依规监管。当前生命科技伦理在学术界形成了一些共识,但还未上升到国家治理应用层面。应该尽快通过吸收学术界生命科技伦理成果,建立并完善具体的生命科技领域的伦理准则和法律法规。在有关准则和法规中要明确研究者的责任,保证负责任的科学研究,预防科学界的不端正行为,降低研发和治疗的风险,同时要保证研究参与者和公众的权益,促进公众对科学研究和应用的理解,促进生命科技发展与国际规范接轨。另外,还需要依法依规加强监管和执行。明确或调整现有的职能部门,明确责任分工,设立专门的生命科技伦理监管机构负责某些生命科技研究项目的伦理审查和政策咨询、风险评价和研究监控,在现有伦理准则或法律框架下出台针对具体研究项目的实施细则。要加强伦理审查,把伦理准则和法规落到实处。有效预防、处理生命科技和医疗实践中的伦理问题,有效保护受试者和病患者,建立一种完善的伦理审查机制。

第二,加强科学咨询和公众参与,正确进行生命科技伦理决策,促进生命科技伦理问题相关规范、政策和法律法规的顺利实施。科学咨询是为正确决策提供科学证据,能确保决策的质量。科学咨询有助于保证科学上的可信性,澄清争论,促进政策的可接受性。坚实的科学咨询是政策和法规制定的合法性和可靠性的保证,同时也有助于生命科学技术自身的发展。另外,公众参与相关的生命科学技术决策是沟通科学与社会的一条有效途径。公众参与的意义不单单是从专家获得科学技术信息,而且科学家应该认真听取公众意见,形成真正的对话,这不仅可以充分反映民意,也可使相关的政策措施有效地实施。

第三,积极学习国际先进生命科技和医学领域伦理治理经验,通过全球协商,建立共同的伦理准则和治理机制。生命科技伦理是人类共同面临的问题,解决这些问题要依靠于全球的协商对话,在国际社会范围内建立一些共同的认识基础和评价标准。事实上,当前国际上已经形成了一些公认的伦理准则,普遍采用的机制是设立生命伦理委员会和相关顾问委员会作为政府、研究机构、医疗协会、医院的决策咨询组织。生命伦理委员会一般是一个民主的机制,生命伦理委员会的成员主要是来自多个学科和领域的专家,有生物学、医学、伦理学、法学、哲学、社会学、政府管理学等多个学科领域,在西方许多国家,通常还会有宗教学专家和普通社区居民。它涉及不同观点和学科,以便在科学研究自由、专业知识以及人权和公众利益之间做出调和。

第二节　神经科学伦理问题及其思考

神经科学伦理是伴随神经科学技术特别是人脑科学和认知科学的发展，而兴起的崭新的科技伦理研究领域。20世纪中叶，科学研究的目光开始投向人的大脑和人类认识的秘密，脑科学、认知科学以及认知神经科学等神经科学在生物学革命和实验技术发展的基础上逐渐形成。神经科学发端于生命科技领域，但很快超越了生命科技领域并获得突飞猛进的发展，神经生物学、神经免疫学、精神药理学、认知神经学等新兴知识极大地扩展并超越了传统的生命科技领域内部的神经生理和解剖学，形成了多层次跨学科研究的综合领域。

新兴的神经科学一方面对神经信息传递、编码和加工进行研究，揭示了神经信息与遗传信息的内在联系；另一方面也对认知的脑区功能定位进行研究分析，发明了无创性脑功能成像技术，提供了脑功能探测新手段。神经科学的发展在为人类社会带来了福祉，解决部分精神疾病患者痛苦的同时，也给我们带来新的困惑与思考。毕竟神经科学的研究对象涉及人的心灵世界，探究人的最深层次的精神状态，如果继续允许这样的技术发展下去，我们可以控制意识吗？控制价值观吗？我们必须关注由此带来的伦理问题。当然，有些神经科学对伦理的挑战也可以用生命科技伦理的基本准则来应对，但有很大一部分神经科学的伦理问题不是传统生命科技伦理学所能涵盖的，神经科学涉及的是人的精神和心灵领域，其伦理挑战更加复杂和严峻。因此，神经科学伦理不应该是生命科技伦理的子学科，人的行为与人脑之间的密切联系，以及人脑与自我之间的特殊关系，需要神经科学与伦理学共同思考。

一　神经科学引发的意志自由危机与道德责任问题

有关人类意志是否自由的问题探讨与争论一直存在，人们是否有意志的自由？在什么情况下人们必须要对自己意志主导下的行为负责任？大部分思想家、哲学家都承认有意志的自由，甚至这种意志的自由有着至高无上的地位，这也是人们之所以要在道德上对自己的行为负责任，而且能够对自己的行为承担着道德责任的先决条件。但是神经科学领域中越来越多的研究发现，人类行为与其神经网络密切相关，并通过各种方法与实验手段不断验证人们在意识到自己的意图之前,大脑就已经有所反应,强调意志是大脑想象的产物,似乎消解了意志的自由概念。美国神经科学家利贝特就曾经用脑电图发现,人脑做决定的时间比人们意识到并开始做出动作要早半秒钟。德国科学家海恩斯在 2008 年采用核磁共振成像技术监测受试者脑部的血液循环情况,脑成像显示在参与者有意识做出决定的七秒之前,大脑就已经有了判断,这一发现支持了利贝特的结论。神经科学实验表明无意识的大脑活动决定了人有意识的行为,意识不过是大脑神经元物质活动的客观结果,而不是人的自主决定。由此神经科学的前沿研究带来的新发现不得不让人重新思考关于意志的自由及道德责任问题。当然,目前神经科学对全脑的整体运作机理尚未做出完全透彻的研究,神经成像手段也只是对某些局部区域和机制研究取得一定成果,当前的神经科学研究成果带来的意志自由的危机还很有限,并不能说神经科学已经完全消解了意志自由的概念,这仅仅是给我们提出了一个神经科学伦理上的问题。脑成像的精确性可以确定神经系统与人们的行为状态相关,但是也不能直接简单回答什么程度下人们能对他们行为负责的问题。意志自由与道德责任不能完全是经验层面的科学问题,道德责任问题也不能只是神经科学结论的体现。

二 脑神经成像技术中的隐私问题

随着现代物理学和信息技术的发展,科学家运用核磁共振技术成功开辟了一条人的大脑功能与形态相结合的研究道路。神经科学研究指出功能核磁共振脑成像技术不是通过二级神经的反应来推测内在的心理过程,而是直接的观察大脑内部区域的活动位置与过程。脑成像技术提供血流和神经元活动的图像,能看到脑的功能和结构方式,显示未来的精神或疾病状态。这些显示血流和大脑的图像被称为"脑的指纹",因此,脑扫描成像与 DNA 检测相似,能提供可靠的个人信息。如果说一根头发能很容易的确认一个人区别他人的身份,那么脑扫描对人的身份认同则更为详尽。如此成像技术可能会将人的大脑的思想意识信息轻易展现出来。即使是在当事人完全知情同意的情况下对其扫描以判定疾病,也会在检测过程中探知到与疾病不相关的思想意识隐私,可能揭示出人们原本并不想要被他人知道的意识信息,如一个人的记忆、情感、情绪、性格特征、智力、信仰等意识内容。因此,个人的思想意识隐私在神经成像技术不断发展的环境下更显脆弱,脑成像技术的应用必然会带来个人隐私与公共利益之间的冲突，寻求个人权利与公共需求之间可能的平衡点将是神经科学脑成像技术面临的又一项伦理难题。

三 神经增强中的安全与公正问题

目前神经科学技术的发展已极大拓展了人类认知增强的手段和效果，那些仅仅是在科幻小说或电影中才出现的认知增强技术已经逐步成为现实，比如，脑机接口、基因修饰、脑功能手术、认知增强类药物等许多认知干预手段的研究已经开始启动，并正以超乎人们想象的速度和规模向前发展。人们完全可以通过非自然的方式对健康人的身体和心理功能进行干预改善，使作为个体的人获得超乎正常功能的智力或行为能力，这种非医疗目的的神经科学技术，起到的效果就是"认知增强"。

认知包括人们对信息的获取、选择、理解和存储等一系列过程，认知增强就是通过神经科学技术针对认知过程中任何一项能力的干预。这种干预并不是修正有缺陷的认知因素，而是针对某种特定的大脑功能而增强其认知程度。如利用神经药理学和高技术手段开发增强记忆力的药物，改善人的精神状态等。若该技术目的不是治疗疾病，而是针对健康的人，帮助他们获取某种利益，这将引发一系列的安全与公正问题。比如，某人通过神经药物或是大脑中植入芯片增强记忆，其在考试时取得优异的成绩被录用，而未被增强者落选。对被增强者个体而言，他的认知能力仅仅是药物作用的结果，与其本人能力无关，若其本人认可这一成绩则形成一种自我欺骗，这种欺骗也降低了其个人尊严；对其他同场竞争的未增强者而言，这实质上破坏了公平竞争的制度，减少了他们获得录用的机会，而且认知增强者与未被增强者由于机会上的不均等还将会产生一系列连锁反应，在社会层面导致社会结构出现两极分化，产生新的矛盾，不利于社会的稳定与发展。另外，从国际上看，若是发达国家掌握相关的认知增强技术，将之运用于军事战争领域，增强士兵的作战能力，将会严重加剧国家竞争的不平等。

第三节 纳米科技伦理问题及其思考

纳米科技是20世纪80年代逐步发展起来的交叉性的前沿科技领域，其广阔的应用前景引起世界各国的密切关注。纳米技术与信息技术、生物技术一起被列为21世纪的三大关键技术。纳米技术的研究领域不同于以往的宏观和微观领域，它的研究在纳米尺度下展开，纳米技术以空前的微尺度为人类揭示了一个可视的原子、分子的世界，它的最终目的是直接以原子或分子来重构物质，设计制造具有特定功能的产品，从而实现人们想要什么就设计什么，设计什么就可以得到什么的梦想。所以，纳米技术实质上就是一种用单个原子、分子进行物质制造的技术。纳米技术的应用将对人类社会产生巨大影响，它将推动社会的经济发展，改善人类的生活生产环境，但由于纳米技术研究的不确定性，它的发展也可能给生态环境安全、国际关系竞争、生命伦理等诸多方面带来新的问题。

一 纳米材料的安全问题

随着纳米科技研究的进一步深入，纳米材料的安全问题逐渐引起人们的关注，纳米科技伦理的兴起首先是因为纳米材料的安全问题。安全问题不仅是一个科学问题，而且首先是哲学、伦理学问题，没有基本的安全，就不可能有自由、平等、公正、幸福的生活。早期功利主义代表人物密尔指出，安全这种权利是社会应保护而使人人享有的，这种权利是人人平等的，是正义的最低限度的要求。纳米材料的安全指的是人身体不受伤害与威胁以及基础设施的安全问题。由于纳米粒子尺度极其微小，甚至可以"无孔不入"，因此，在研发、生产、储存、运输以及后处理应用过程中可能进入人体和环境，给人体的健康和自然生态带来不可预知的危害，因此，有关纳米粒子的毒性研究、危害和风险的识别、工作场地的选择和风险控制、工人对风险的知情同意及其医学保障等问题，成为纳米伦理关注的热门安全话题。2006年《自然》杂志发表了纳米毒理学专家提出的研究纲要，他们提出要揭示纳米材料与人类健康及环境的关系，开发监测大气与水中纳米材料的装置，评估纳米材料毒性的方法，从纳米材料的生产、使用及最终的处理等一系列过程进行预测与评估等。另外，在关注人类健康和生命安全的同时，纳米伦理也关注纳米材料在环境中的释放对其他生物的生存环境所构成的环境安全问题。我国著名的纳米专家白春礼院士已经指出："在发展纳米技术的同时，要同步开展其安全性的研究，使纳米技术有可能成为人类第一个在其可能产生负效应之前，就已经认真研究过，引起广泛重视，使之最终成为能安全造福人类的新技术。"[①]

---

① 科泽：《纳米技术也要带上"安全帽"》，《高新技术产业周刊》2005年3月17日。

二 纳米技术应用引发的个人隐私问题

纳米技术引人关注的另一个问题是对私人领域的侵犯。在获取私人数据方面，纳米技术也提供了前所未有的可能性。例如，可以把一个纳米发射器放在一个房间或者一个人的衣服中，用以监视和跟踪一个目标；还有一些纳米材料的追踪监视设备可以被放进食物内，当人吞咽的时候，它就能进入人体内任何需要的地方。随着纳米技术和无线发射器的发展，利用纳米材料器件捕捉心理信息，窥探特定的精神状态和情绪，可能就变得比较容易。如果将纳米技术与脑神经技术有效结合，就可能使得神经工程师简单地"扫描"人的大脑，读取大脑所有的必要信息，并可能将这些信息存储到一个"超级计算机"上进行分析处理，那我们所面对的就不是一般的对人的行为的监控了，而是对人的思想的监控和操纵。如此一来，人们还有什么隐私可言？还会有多少私人空间？人类还在多大程度上具有自主性？

三 纳米技术应用于人类增强的伦理问题

纳米技术在人类增强方面的应用引起了巨大的伦理争议。所谓人类增强，就是通过技术手段提高人的身体和心智的能力。借助纳米技术，人们不仅可以达到治疗疾病从而延年益寿的目的，而且还可以使用纳米药物提高创造力、注意力和感觉知觉等。在未来，纳米技术可能给人类提供一种植入物，使人在黑暗中或者在肉眼不可见的区域看见物体；在不远的将来，纳米计算机还可以嵌入我们身体内部以协助我们更快地处理更多的信息，甚至达到人机合一的程度。特别是当纳米技术给了这种人机结合的机会，纳米材料的人工智能物移植入人脑的时候，传统的人的定义就不能全部解释人了。这个时候人的自然属性和社会属性并没有发生任何变化，但人脑中多了一个修复或扩展智能的人造机器，人的思维和意识就有了机器的参与。人与机器的区别又在哪里？就如同器官移植，如果说器官移植还没有触及人的思维和意识，那么人工智能进入人脑辅助人类思维，意识有了机器的色彩，就是到了给人重新定义的时候了。否则，人将非人。

从环境伦理学的视角来看，纳米技术引发的人类增强还有可能破坏整个生态系统平衡，因此从道德上来说通过这种增强来改变人类这个物种也是不容许的。因为人作为遗传与环境作用下的一种存在，难免受制于种种局限，我们是否可以利用技术来弥补与他人天生具有的差异？我们又能否利用技术来使我们自身获得超越他人的能力呢？如果对人类增强问题不加以限制，不仅可能会引发"增强后分化"的不平等问题，而且将混淆人与机器、生命体与人工产品之间的界限，使得我们关于人与自然的基本概念发生动摇，什么是人、什么是自然等问题将变得不再是不言而喻的了。

四 纳米技术的军事应用引发的伦理问题

从伦理学角度而言，战争问题或者军事问题始终是一个棘手的问题，和平主义的立场认为，无论什么样的战争都不能得到伦理辩护。那种认为为了挽救更多无辜生命的战争是正义战争的观点，在现代战争中，由于无法区分平民与武装人员，而事实上陷入悖论。从现实出发，军事伦理学主要关注的是战争的目的和手段以及战场中的武器的使用问题。而纳米技术武器的毁灭性功能可能是一般的大规模杀伤性武器所不能比拟的。在这种情况下，如何能够更好地保护士兵与平民的生命，尤其是平民和士兵作为人的自主权和尊严的问题，是军事伦理学所面对的重要问题。

由于纳米技术的微型化趋势，纳米武器成为各国军事装备追逐的对象，纳米技术很可能挑起新的纳米武器军备竞赛，纳米武器的应用也很可能导致新的地区霸权主义出现和地区、国家之间的不平衡。特别是所谓"蚊子导弹"、"苍蝇飞机"、"间谍草"等的出现，使得这些武器的交易变得更隐蔽，恐怖组织获得这些武器的可能性也增加。一旦具有高杀伤力的纳米武器落入他们之手，其结果将不堪设想。纳米技术在军事领域中可能逐步得到广泛应用的今天，必须将纳米技术的运用控制在一定的范围之内，使纳米技术有利于维护人类的和平与发展。

总之，由于纳米技术本身非常复杂，涉及的学科门类很多，关于其引发的伦理问题的研究还有待深入。从目前国内外的研究状况来看，在哲学层面的反思还不够，更多还是基于社会学视野的安全与风险分析。另外，从整体上看，有关纳米技术伦理与社会问题的研究还远远滞后纳米技术自身的发展。

第四节 信息网络科技伦理问题及其思考

当今时代，信息网络技术的发展应用已经成为时代最突出的特征之一。互联网技术正以前所未有的速度向人类实践的各个领域拓展，已经深刻融入人类的生产、生活、学习和工作之中。信息网络技术的产生和发展极大地改变了人们的生活和交往方式,网络将计算机与通信技术有机地结合起来,构筑了一个新型的生存空间即数字化空间,人们也因此有了一个新的生存状态即数字化生存。网络社会、网络人生、网际交往等新型数字化生存方式正在成为我们人类的生产生活常态。据国际电信联盟的研究报告称,到2014年全球互联网用户达到约30亿;据工信部统计,我国的互联网用户也已经突破8亿,稳居世界第一。信息网络技术在给人类生产生活带来便利条件和效益的同时,也孕育着、蕴含着复杂的伦理问题。

一 信息网络科技伦理问题的表现

信息互联网科技发展到今天已具有高度智能化特征,它创造了新的时空观和生存方式。信息网络技术使全球联系变得十分便捷而且紧密,使世界各地的人可以不受时间、地域等局限而任意享受信息资源和信息交往。然而,信息网络科技在改变人类生产生活方式的同时,也引发了一系列复杂的伦理道德问题。

(一)信息网络技术对人的异化

信息网络技术走进千家万户的同时,却不知不觉地主宰了原本应该被它主宰的人。在互联网上,人们终日与个人电子信息终端打交道,而现实中直接可视听、亲和感的人际交往机会则大大减少,网络促使人们日益依赖一个远离人类心灵的中介化、形式化和技术化的信息系统,人们判断生活的标准也日益服从于一种技术规范和数字化的标准。网络把人与现实生活相剥离,形成了一种"离心的生活"。

伴随着网络日益成为人们生活中越来越不可或缺的重要组成部分,年轻一代过多地依赖互联网,书本阅读、亲身实践、人际交往等方面的弱化,使他们获取知识的方式变成了一种典型的"快餐模式"。网络文化的格式化、标准化、程序化会使人的思维趋向简单化、线性化、直观化;而网络信息的高度综合性、声像多维一体化和高度图像化的特点,会逐渐导致人的思维能力、表述能力、抽象能力的退化。而且,长时间地使用网络,会使人只能在有限的范围内沿着某种已有的模式进行思维,未来学家托夫勒将其称为"画面思维"。网民在网络中可以很便捷地获取到自己所需要的各种信息,从而使得自己思考和记忆的独立性却在不经意间慢慢消退。更何况,少数网络"精英"和"意见领袖"对网络的影响力越来越大,他们可以借助最新的"意识工业"手段来加强对人们心理的控制和操纵,通过操纵网络、传播具有欺骗性的信息,可以把压制作用直抵每个个体的意识深处，把外在确定的思维和行动的模式以潜在的形式施加于人，使个人在以为是自己的思想的情况下欣然接受。于是，人失去了对社会批判、否定的一面，从以往的"双向的人"变成了"单向度的人"。

（二）信息网络空间的人际诚信

信息网络技术最大优势就是极大地便捷和扩展了人际交往和信息传播的空间，为我们现代化生活的交际方式提供了一种全新的、更加迅速方便的途径。但近年来，人们越来越感受到网络诚信危机的严重性，其基本表现就是存在于虚拟空间的人和人的交往联系缺乏基本的相互信任，各种虚假信息泛滥，各种不负责任的言论充斥在网络环境之中。众所周知，网络空间具有虚拟实在的特性，与现实社会中每个人所交往的对象以及其本身都面临着不同程度的社会评价是有所不同的，互联网中的交往和传播主体缺乏这种约束感。于是，一些别有用心的人就可能利用信息网络技术条件来危害网络生态，发布、传播不良和虚假信息，严重扰乱网络诚信。

近些年来互联网的传播力、影响力与开始兴起时相比有较大衰减，一个重要原因就在于网络上充斥着言而无信、不负责任现象，公众只能以怀疑和困惑的心态来看待这些信息。比如一段时间流行"有图有真相"，以说明事实确凿、信息准确，但实际上，有图也不见得有真相，各种技术手段令造假简单易行，真相往往被屏蔽和篡改了。坚决净化网络环境，以更为完善、更有针对性的举措来保证网络等新兴媒体诚信负责，已经势在必行、刻不容缓。人无信不立，网络行为也是如此。不诚信、不文明、不负责现象的存在和泛滥，是互联网等新兴媒体的耻辱；网络的假丑恶，已经成为社会公害，成为我们不得不清除的"毒瘤"。讲诚信、负责任，不仅对自己的言行负责，更要对社会负责，这也是人之为人的底线，是社会和时代的要求，也是网络生存发展的底线。不讲诚信、不负责任，网络媒体必将沦为毫无公信力的"垃圾场"，失去安身立命之本，终将自断生路、自取毁灭。建立诚信的一个根本措施就是最大限度地从源头上挤压一些人以各种名义躲在阴暗角落里造谣生事的空间，对一些人违反国家法律、危害公众利益、侵害他人合法权益的行为给予及时查处，有效地保护诚信负责的网络环境。

（三）信息网络安全与犯罪

信息网络技术的发展带来了信息的大量增加和高效加工、传播，同时由于其自身的不完善也导致了许多信息安全问题，黑客的非法入侵与病毒的存在严重威胁着信息网络系统和个人计算机系统的正常运行,容易严重侵犯个人隐私和知识产权,有时甚至是信息犯罪,也会给社会、集体或个人造成毁灭性的打击。

保护隐私就是保护人的自由和尊严,是一项最基本的社会伦理要求,也是人类社会文明进步的重要标志。然而,网络技术的发展极大地增强了信息系统的采集、检索、重组和传播包括隐私在内的各种信息的能力。信息在互联网上可以被原样复制和传播,这种技术上的特性导致信息能在最短时间内冲破空间的束缚,几乎可以不受限制地进行无数次复制和难以想象的快速传播。在这种新技术背景下,一些商业主体使用和需要各类信息的欲望更加强烈。因此,公民与商家之间的隐私权冲突日益加剧。网络的开放性和无边界性,使其成为人类获取广泛信息和资源共享的技术平台。同时,网络这一特性也容易导致任何人的信息成为他人的窃取对象,个人的隐私权在网络中得到有效的保障比在现实世界要困难很多。

知识产权保护是知识创新的重要保障,当前信息网络技术的应用也会使得知识产权面临着极大的被侵害风险。信息网络技术的发展一方面使侵权行为更加的难以控制,网络的出现都对相关作品的创作方式、传播方式和产生经济效益的方式都产生了很大的影响,网络上相关作品的传播速度更加快捷、范围更加广泛,因此其侵权的行为更加难以控制;另一方面人们在网络的大环境中,自觉不自觉地就忽略了对知识产权的保护,这种忽略直接导致了网络知识产权被侵犯。

还有一些不法分子,利用信息互联网技术上的漏洞实施高智能犯罪,如进行网络诈骗、虚拟财产偷盗、制造或传播计算机病毒等,严重危害社会公共安全。以网络木马病毒的制造和传播泛滥为例,这些黑客已经形成了一套完整的产业链,集团化、专业化、分工化趋势作案越来越明显。作为一种高技术智能犯罪行为,网络犯罪与其他犯罪的突出区别首先在于其技术性和传播性强,网络犯罪的时间短,多数是异地远距离作案,隐蔽性较强,这类犯罪的侦破难度大。因此,信息安全问题是信息网络技术必须面对且必须重点加以解决的问题。

二　信息网络科技伦理产生的原因思考

信息网络技术是新时期技术革命最伟大的成果之一,它将人们带入一个全新的网络化社会。作为一种瞬间传播、实时互动、高度共享的数字化信息传播交流媒介,网络技术使人们的生存状态得到革命性转变。当前的信息网络已超越了单一的技术性特性，实质上正在全面渗透和改变着人们的行为方式、思维方式乃至社会结构，构筑起一种崭新的信息时代生存模式。

首先，信息网络技术的应用造就了一个高度逼真的虚拟交往世界。进入网络世界的人，其基本生存环境从过去以物质和能量为基础的活动平台转移到以信息网络为基础的新平台，也就是从物理空间转移到网络空间。网络空间交往主体身份的电子文本化使其身份成为信息虚拟的产物，而不具有单一性和确定性。而这种虚拟的身份就很容易使交往主体丧失社会责任感，网民在网络中的出现只是一些能动虚拟的智能符号，而其本人则退到个人信息终端的背后，从而可以使其摘下社会面具，脱离现实中的道德约束，为道德相对主义和虚无主义提供了土壤。

其次，信息网络技术应用还使得人际交往突破了人们现实社会行为所具有的以自我为中心的互动特征。每一个网络参与者都不再是单纯的主体或单纯的客体，而是处于一种交互状态的界面环境之中。一定意义上说，信息网络技术几乎消灭了"客体"这个字眼，消灭了权威式的中心化的主体意志，由此所形成的网际关系是非中心化的。没有中心和界限，就容易不受任何组织机构的控制，每个个体都可以自由选择自己的生活行为模式。这虽然符合个性化价值实现的要求，但凡事走了极端，就容易出现伦理问题。

再次，信息网络技术造就了超乎想象的信息传递的快捷、便利通道，构筑了一个超越地域限制的可无限拓展的开放信息空间，将地球连接成一个小小村落。这种无论在广度还是深度都在我们无法想象的空间中蔓延、伸展，使现实"熟人社会"中的人际关系相形见绌。现代信息网络技术因此也使个人拥有了过去不敢想象的巨大力量，享有以往不可企及的信息自由。如此技术条件下，网络主体可能听从冲动和意志的指挥，为善和恶的无限扩张放大都提供了可能，因此，也更容易引发伦理问题。

三　信息网络伦理问题的解决之道

网络伦理问题的涌现，使人们不得不思考该如何合理正确地使用网络，如何面对网络世界的道德体系建构。这就必须超越技术层面，深刻总结思考网络技术特点和网络实践规律，加强网络伦理和规范建设，完善网络法律法规，引导控制人们的网络行为，实现现实空间他律性和网络空间自律性的有机结合，纯洁网络、保卫网络空间的正常秩序。

首先,加强网络伦理理论研究,排解理论悖谬,完善网络伦理规范。信息网络技术应用发展速度之快超乎人们想象,使得人们几乎没有时间对其加以系统思考,因此,信息网络伦理研究起步较晚,人们对网络的理性认识尚不够深入。当前的网络伦理往往在形式上流于琐碎,内容上缺乏价值标准与鲜明的伦理原则。还有,网络伦理研究中一些原先无关道德的问题也以道德问题的面目出现,这也相对减弱了其伦理意味。另外还要克服当前网络伦理规范在实践操作上重重困难,制定完善的网络伦理规范。网络伦理作为对人类特定行为规范,必然首先确定行为主体进行约束与调整。但网络行为的主体、"规范的对象"与传统意义上的行为主体不同,网络行为主体往往具有"虚拟性"特征。这就需要网络伦理规范适用于"虚拟社会"的行为主体。因此,网络伦理规范的设定必须与技术专家意见相结合,增强网络伦理规范的可操作性和实效性,使其不仅约束信息参与行为主体,同时也约束技术创新行为主体。

其次,加强道德主体的网络伦理教育,建设"慎独"网络空间。网络伦理问题的解决,终究要落到"人"自身这一道德主体上来。一方面要通过教育提升网络主体的道德认识和道德境界,培育健全的网络道德人格;另一方面也要提高网络主体一贯的道德自觉性,自觉做到网络空间的"慎独"。对于信息网络空间来讲,特别需要从"慎独"开始来养成良好的网络行为习惯,形成网络伦理自觉。当信息网络伦理成为人们发自内心的一种责任感与使命感时,网络道德就会跃升至自律阶段。

再次,强化技术和法律法规手段,完善网络行为违规的制裁与惩罚措施。信息网络空间存在和运行总是处于一定社会背景之下的,因此有必要从外部条件即他律层面着手解决网络伦理问题。他律层面的手段大致可以分为两种类型:第一种是技术手段,用于防止网络不端行为的发生。比如防火墙技术、加密技术、路由控制技术、过滤软件技术、杀毒软件技术等等,这些技术可以针对信息提供行为人,审查、限制、鉴别他们所提供信息的真假善恶,最大限度地把关信息源;也可以针对信息接收行为人,堵截、删除、过滤有害信息,防止接受人受到不良信息的侵害。第二种就是法律手段,用于网络主体实施违规行为后的惩戒,确保网络伦理底线。法律法规是人们各种社会行为的基本底线,对于威慑和惩处不合法的过激行为具有不可替代的作用,网络行为自然也不例外。

网络是现代社会文明进步的一个重要标志,尽管信息网络技术带给人们种种新奇而又困难的伦理问题，但是它并不像有些人渲染得那样可怕甚至可恶。只不过解决这一问题是一个复杂而又系统的工程，需要一定的时间和综合伦理、科技、法律等各方面专家的力量。要想净化提升网络道德环境，就应该在建立健全法律和完善技术手段这种他律性规范建设的同时，加强伦理道德这种自律性约束力的建设，在传统现实社会伦理道德的基础上建立起新型的网络空间的伦理道德。同时也应该看到，网络伦理道德出现的时间毕竟还不是很长，面临的新问题又特别多，因此有必要潜心研究思考，科学合理地制定一些原则、规范，并使之被公众接受，成为自我约束的内在准则。

第五节 核技术伦理问题及其思考

人类探索微观物质世界的奥秘，获得了关于物质结构的基本知识，从而迎来了原子时代的来临，同时也打开了核能利用的宝库。核技术应用一方面为解决人类的能源危机带来无限希望和惊喜；另一方面也使人类不得不长久生活在核泄漏和核战争的恐怖状态之中，这是核时代必须面对的社会现实。这就提出了一个不容回避的问题：核技术是带来毁灭，抑或被和平利用？核技术开发利用的巨大能量既可以为善而造福人类推动经济社会的发展，也可为恶而危害人类造成灾难，因而核技术开发利用是个充满善恶问题和价值难题的实践活动，这一客观现实促成了核伦理产生，并显示核技术伦理存在的必然性和紧迫性。

一 核技术伦理的问题表现

核技术应该带来的伦理问题主要表现为生态风险、人体健康风险和社会风险三种风险存在形式。

（一）核技术应用的生态风险

从现实中核开发利用的情况来看，几乎所有核技术利用活动都要涉及生态环境问题。人类核技术开发利用实践活动对生态环境的影响是非常巨大的，生态环境在核开发利用中处在被动的、不利的地位，而生态环境是人类赖以生存和发展的基础，生态环境所承受的一切影响后果都会以不同的形式反馈给人类。所以，生态环境风险是我们讨论的核技术伦理最关切的内容之一。

人类大规模的核爆试验活动以及核武器使用，核电站泄漏事故导致的核辐射，核废弃物的污染和放射性矿产的开采，核物质的自然放射等，这一切核技术实践活动都可能对生态环境平衡造成难以想象和难以恢复的巨大扰动。一旦核技术实践对生态环境造成危害，其影响结果必然持续时间长、影响范围广、危害程度大。比如 20 世纪 40 年代末以来，苏联乌拉尔东部的基什底姆原子弹生产工厂将铯、锶及其他放射性废物倾倒入特察河，以至于在这条河 1600 公里之外的北冰洋都能测出放射性物质，沿河人民不得不背井离乡、逃出家园；再比如，1945—1989 年，全世界约有 35 个核试验场共爆炸 1800 多枚核弹，其中大约 25% 的核爆炸是在大气层进行的，散发到大气层的放射性物质危害极大；还有，1954 年 3 月 1 日，美国在太平洋比基尼岛上进行了氢弹试验，大量高危放射性尘埃散落在整个岛上，使此岛成了生命死寂的世界，并造成 24 万平方公里公海的核辐射污染；更为著名的"切尔诺贝利事件"使白俄罗斯大约损失了 20% 的农业用地，距离核电站 7 公里内的松树、云杉凋萎，1000 公顷森林逐渐死亡，即使距离 80 公里外的集体农庄，也有 20% 的小猪生下来就发现眼睛不正常，附近的土地、水源被严重污染，成千上万的人被迫离开家园，切尔诺贝利几乎成了不毛之地，据有关专家估计，这种环境危害至少还要持续上百年的时间。

（二）核技术应用的人体健康风险

核泄漏、核污染对人体健康存在严重威胁，时常会引发规模巨大的人体健康风险。核技术应用不慎造成的核辐射可穿透一定距离被人的机体吸收，使人体受到外辐射伤害。若是放射性物质通过呼吸、皮肤伤口及消化道吸收进入体内，就会引起人体内辐射。不论是内辐射还是外辐射，身体接受的辐射能量越多，其放射病症状就越严重，也越容易导致潜在的或显性的恶性疾病发生，同时人体致癌、致畸形风险越大。另外，核泄漏污染造成的生态风险也会传导到人的有机体上来，况且这种影响是短期内无法消除的。

分子遗传学家穆勒义曾经研究指出，放射性物质对地球上的任何有机体都会产生影响，严重的可能会引起基因突变、生物变异，导致多种病症，像白细胞增多症、骨癌等，有些还会直接影响人类的生育能力和生育质量，其对后代带来的损害是不堪设想的。因此，很多科学家担心核辐射可能会对当地人造成若干个世纪的影响，一旦土地、水源、空气都被核应用产生的辐射物或辐射尘埃污染，他们就无法逃避现实环境带来的潜在危险，甚至可能对他们的后代产生灾难性的后果，大批孩子可能因他们的父母体内或血液含有辐射物，从生命形成的那一刻起，就带有畸形、癌症、败血症等先天性疾病。同时核泄漏污染造成的伤害还不仅仅是对身体上的显性或潜在伤害，更重要的是与之并存的可怕的心理创伤，那些家园尽毁、流离失所的人们，以及那些仍然留居在被污染的土地上的人们，他们所承受的心理创伤难以估量。

（三）核技术应用的社会风险

核技术的应用不仅可能造成自然生态和人体健康方面的风险，而且由于核技术应用迅速地改变着人类的生产方式、利益格局等，还很可能造成多方面的社会风险。

首先，从经济层面看，核技术开发利用要耗费巨大的经济、人力成本，占用大量的科技投入。特别是核武器的研发要耗费巨大的自然资源和社会资源。比如拿朝鲜来说，它本身是一个资源有限、经济发展落后的国家，但近年来他们把大量宝贵的人力、物力、财力投入到核武器的研制上，对国家经济发展和人民生活水平的提高无疑造成了沉重负担。对于一个国家而言，这种核技术利用行为的出发点是不正确的，也是不道德的。

其次，从社会公正层面看，核技术开发利用可能带来国际政治上的不平等，特别是核武器的研发明显加剧国际社会的许多不公正。曾经的美苏超级大国把核武器作为统治和称霸世界的手段，在国际政治中制造了许多不公正现象。核技术成为核大国的有力政治武器，成为它们手中对付异己的无核国或弱小国家的威胁工具。

再次，核技术的不当或不慎利用可能给社会带来巨大的恐慌，给社会生活各方面带来不安定因素。例如，日本福岛核泄漏事故对社会的负面影响远超过地震海啸。由于核辐射风险的增加，后续灾后重建进程放缓，不仅影响日本宏观社会经济的复苏，而且日本政府还要面临着大量的居民转移、人员搜救与医疗、核污染清理处置等众多棘手问题。与此同时，日本核辐射危机在全球引发了一场反思核技术的"恐核症"，造成全世界的负面心理影响。比如德国多座城市就曾爆发了大约20万人参加的大规模反核示威游行活动，示威者要求政府立刻放弃核能计划，要求政府永久关闭全国现有的17座核电站，这让德国政府倍感压力。

二 核技术伦理问题的原因探析

当前，核技术应用之所以容易引发上述三种风险存在和诸多伦理问题，既有核技术本身难以掌握控制的问题，也有核技术应用主体在评估决策上的失误和道德评价上的模糊等原因。

（一）核技术开发应用道德评价的两难困境

善与恶、正当与不正当是道德价值的两对基本范畴，但善与恶、正当与不正当的道德价值判断标准并不是唯一的。从目的论和道义论出发既可以做出相同的结论，也可以得出不同的结论。目的论侧重从实质性效果作为道德价值评价标准，关注重心是行为对行为者自身和他人或社会所带来或可能带来的实质性利益；道义论则从行为的动机是否为善作为道德标准。显然，若是在动机与效果一致的情况下，目的论和道义论对同一行为所做的道德价值评判结论就必然是一致的；若是在动机与效果不一致的情况下，两者所做出的结论就可能截然不同。核技术的开发利用就存在动机与后果的复杂性，比如，核武器的研发动机是为了保证民众安全还是为了杀害生灵？核电站的开发最终是提供了巨大能源还是发生了核泄漏污染？因此，对核技术开发应用的道德的价值判断很容易存在两难困境。这需要从目的论和道义论统一的立场出发，将核技术应用的动机和可能对人类社会、人的尊严和人类的各方利益带来的后果作为评判的主导标准。但是，现实中这一道德标准是动态多变的，它往往是以社会历史条件作为依据，以人们的利益为基础，并随社会历史的发展和人们利益的变化而变化。由于持有不同标准，有些人认为核技术具有积极的道德价值而全力支持它的开发和应用，也有些人则认为核技术助长了核武器的气焰，这是十分不道德的，因而极为反对。

（二）核技术本身的难以控制与不完备

核能的开发利用理论上没有什么问题，但在技术实现上却不是很容易的事情。虽然核技术开发利用已经比较成熟，但也不是百分之百的成熟完备，另外还由于核能量的巨量特征，使得核技术的控制比其他技术更有难度，其危险性也更为恐怖。正如美国化学家鲍林在20世纪80年代就曾指出："30年来世界处于极大的危险之中，一场核战争会爆发的危险，几乎可以肯定将导致人类的灭绝。虽然这种危险的存在人尽皆知，但是我们没有能够采取行动减少这种危险。相反，我们已经使得核武器系统和运载它的工具越来越复杂化，这种不断增长的复杂化增加了这种机会，即一个技术上或心理上的错误将导致一场灾难性的核战争,这场核战争将会带来地球文明时代的结束。"① 科学家们还对核试验不断进行研究,甚至提出了"核冬天"的概念,对核技术的开发应用充满担忧。科学家认为,一旦核能利用控制不当,特别是大规模的核战争,所造成的严重后果,可能会远远超出人们通常的想象。他告诫人们在核战争之后,由于大气层中充满了致命的放射线、化学物质以及烟尘而出现长期的寒冷和黑暗,不论有罪或是无辜,也不论是强者或是弱者,将无一幸免。

(三)核技术风险评估和管理机制不健全

加强核技术风险评估和管理,关系到社会公众的财产、健康、生命和自然生态环境安全。对于核能的和平安全开发和利用而言,加强核技术风险管理始终是一个全球性的重大课题。就涉及的主体来看,核技术风险评估管理至少涉及世界国际原子能机构等组织、各个核能开发国家等宏观主体,也涉及核技术产业组织和相关科研机构等中观主体,还涉及核技术开发投资者、运营商、研究者和公众等微观主体。核技术的风险评估和管理应该针对不同层面的涉及主体,建立完善的沟通机制、责任章程和制度规范。但目前这方面的沟通机制不畅通,制度规范不健全、不完善,或责任执行不力、不到位,造成很大的核技术开发利用风险。比如,著名的切尔诺贝利核泄漏事故,根本原因就是苏联的设计有缺陷、该电厂的管理和运行人员缺乏必要的培训,同时,安全管理机制也不健全,当时的工作人员操作不当引起的;美国"三里岛事件"主要是因为人机管理不同步,操作人员的操作与电脑显示不相符,从而造成了"堆芯融化"事故;福岛核电站1号机组已处于"服役"的末期,若是相关责任方具有足够的安全意识,且监管部门负责任的话,也不会放任其无检查运营。因此,核能利用需要加强安全立法,保持核技术开发利用相关法律和规章适应新时期核能开发与利用的要求,及时研判社会经济、政治、文化和技术环境,建立完善核技术风险的沟通、评估和管理机制。

三 核技术伦理问题的实践应对

(一)构建完善的核技术伦理体系,营造正当、安全、和平的核技术利用文化软环境

---

① [美] L. 鲍林:《告别战争:我们的未来设想》,吴万仟译,湖南出版社1992年版,第121页。

核技术开发利用应该是以人为本，在人与核技术之间，后者永远只是工具和手段，发展核技术，要进行人性化的生产利用，避免人适应技术，人受技术奴役压迫现象的产生。然而，当前核开发利用不仅仅具有"建设性"的力量，而且还具有巨大的"破坏性"力量，核技术开发利用的价值与风险共存。核技术安全风险就无法避免吗？核技术安全利用无法保障吗？我们的回答是否定的。虽然核技术安全风险还不能保证永远杜绝，但可以尽量减少和避免，将核安全风险和危害控制在一定限度内。

　　减少和避免核风险事件的发生关键是人类在对待和处理核技术应用问题上需要转变思维方式，树立正当、安全、和平利用核技术的责任意识和思想观念。从以往核技术风险事件发生的事故原因分析看，从本质上看导致核安全风险转化成现实灾难的主要原因是人。一种是人出于故意为恶的目的，将核开发利用作为武器或凶器而导致的人类灾难；另一种是人并非出于故意，而是由于疏忽大意、不规范操作、责任心不强等导致的核安全灾难事故发生。因此，核技术风险问题，除了少数源于设计和技术缺陷和隐患外，绝大多数是由于人的种种失误而直接引起。这就涉及如何不断提高核技术开发利用领域的人的全面素质，即如何营造良好的核安全文化问题。"核安全文化"内涵十分丰富，其实质是核技术开发利用的价值观、标准、道德和可接受行为的规范统一体，核安全文化氛围营造首先需要完善的核技术伦理体系作支撑。当代核技术伦理体系必须拓宽原有的核科学伦理的概念，突出人的生存权和发展权、创造权、平等权，走出狭隘的民族主义、国家主义的樊篱，树立科技、经济、政治、文化多维层面的伦理意识，用全球的多维视野来构建新的核技术伦理体系。

　　（二）建立完善的风险评估、沟通和管理制度，打造核技术开发利用的硬约束

　　当前核技术实践活动日益频繁，核技术滥用和不适当应用的可能性越来越大，与此同时核技术开发应用的风险剧增。这需要从制度层面完善核技术的风险评估、风险沟通和风险管理，约束核技术开发利用的无序运行，推进核技术安全有序利用。

　　首先，要积极探索核技术开发利用的风险评估方法，完善风险评估机制。技术风险评估是在风险事件发生之前，对该技术利用可能给人们的生活、生命、财产等各个方面造成的影响和损失进行初步量化评估的工作，

是一项系统性、专业性、科学性和综合性很强的工作，也是风险管理的一个重要基础性工作。20世纪70年代，美国率先提出了"概率风险评价"的方法用于核技术风险研究，把核技术风险评估建立在系统和定量化的科学基础之上。其后，德国科学家又提出了安全准则的新概念，即按"决定论"方法制定核安全准则，以代替按"概率论"方法制定核安全准则。在技术风险评估机制建设上，要突破仅有政府机构或者技术开发利用者这种单一评估主体的做法，强调建立起独立于技术开发利用者和政府之外的第三方机构来评估风险，并核实信息的真实性，为政府提供有效的信息，便于风险沟通和风险管理。随着时代的发展，人们要求技术风险评估的精确性和时效性进一步增强，这就需要积极探索新的核技术开发利用的风险评估方法，完善风险评估机制。

其次，要提升政府和相关各方核技术风险沟通能力。核技术风险事件一旦发生，政府和相关各方应及时利用各种传媒与公众进行沟通，进行必要的利益补救，公开事件真相，承担必要的责任，重建公众对政府和核技术开发利用部门或企业的信任，保证核技术开发利用的可持续发展。比如在日本福岛核泄漏事故后，日本政府一度曾在核污染问题上态度暧昧、模棱两可，不能及时提供确切信息，从而使得民众疑虑重重，招致民众的强烈不满；还有，东京电力公司即使在致命的危机面前，还敢隐瞒风险信息，极大地破坏了公众信任，这将对于日本未来进行核技术开发利用造成严重影响。

再次，要建立和完善建立核技术开发利用的风险管理机制。风险管理是政府的重要责任之一，从操作层面来说，政府必须建立如下制度安排：一是建立核技术风险预警机制。政府应加强对核技术开发利用的风险识别，利用比较成熟的风险评估机构和体系，收集、传递和处理相关信息与情报，并据此做出研判，提高预测和预报的预警能力，防范风险事件发生。二是建立核技术风险管理的专门机构。核技术开发利用专业性很强，核风险事故危害极大，这就需要配置专门的机构和具备核技术风险管理经验的专业人才来应对，发挥核技术风险管理的枢纽作用。三是建立核技术开发利用的风险补救机制。核技术安全事故一旦发生将会造成很大的社会危害，必须构建起公平完善的社会补偿机制，最大限度地降低社会风险，为核技术的可持续的有序开发利用创造条件。四是加强核技术风险事件的应急机制。核技术风险事故往往事发突然，政府及其他公共机构必须建立必要的应急机制。建立包括预防、预备、响应和恢复四个环节的应对计划和方案，要坚持效率原则，快速反应，果断处置，最大限度地减少危害和影响。

第五章 工程域：工程价值与工程伦理分析

工程活动是与人类生产生活密切相关的实践活动之一，工程活动中涉及人与自然、人与人和人与社会之间复杂的关系，而伦理问题就蕴含于这些关系之中。与以手工的、个体的、经验知识为基础的古代工程活动相比较，现代工程活动则是工程化的、产业化的，它是既有现代科学理论指导又有现代技术方法支撑的社会活动方式。当前工程的数量越来越多、工程规模越来越大、工程复杂程度越来越高，工程与自然、工程与经济社会、工程与工程之间以及工程自身内部都有许多极其纷繁复杂的关系，需要进行跨学科、多学科的研究，特别需要从宏观层面、用哲学思维来把握工程活动的本质和规律。因此，关注工程活动中的伦理道德问题的工程伦理学，已经成为工程技术发达国家的哲学家和工程师们所公认的必须重点研究的领域。

第一节 工程与工程伦理学的发展

在古代，"工程"一词就曾用于描述人类有目的的复杂的自然性或社会性实践活动，主要是指一切稍复杂一些的工作、工事以及有关程式。近代以后，随着科学技术体系的建立及其突破性进展，人类工程活动明显渗透进科学技术因素，为近现代的工业革命和生产方式的变革提供了坚实的物质基础。时至今日，几乎所有的物质都是近现代人类工程活动塑造出来的，人类工程实践促进了社会经济的繁荣和人类文明的巨大进步。

一 工程的概念辨析

今天，我们可以从不同视角来认识工程。从人类实践活动层面来看，工程是指运用科学原理、技术手段和改造自然的实践经验，对已有的物质材料进行开发、加工、生产和集成，使之变成社会有用之物的实践活动的总称。① 也有人认为，工程是人类将基础科学知识和研究成果应用于自然资源的开发、利用，创造出具有使用价值的人工产品或技术服务的有组织的活动。② 从学科的层面来看，工程是将自然科学的原理应用到工农业生产部门中去而形成的各学科的总称。如土木建筑工程、水利工程、冶金工程、机电工程、化学工程等。这些学科将数学、物理学、化学、生物学等基础科学的原理，结合在科学实验及生产实践中所积累的技术经验而发展起来的。其主要内容有：对于工程基地的勘测、设计、施工，原材料的选择研究，设备和产品的设计制造，工艺和施工方法的研究等。③ 从目的层面看，有人把工程看作是服务于某种特定目的的各种技术工作总和。比如把服务于特定目的的各项工作的总体称为工程，如机械工程、水利工程、电力工程、土木工程、电子工程等。从工程与技术的关系看，有人把工程看作是以一系列科学知识为依托，结合经验利用自然资源为人类服务的一种专门技术集成系统。还有人从工程管理层面看，认为工程就是指建设、生产、制造部门用比较庞大而复杂的装备技术、原材料来进行的工作，或者就是系统地应用物质的和自然界的资源来创造、研究、制造并支持为人类提供某种用途的产品或工艺。尽管认识视角不同，工程有多种定义，但我们可以从上述认识中总结看出，近代以来的工程具有两层基本含义：第一，它是紧密地与科学技术联系在一起，将科学知识和技术成果转化为现实生产力的活动；第二，它是一种有计划、有组织的系统性生产性活动，目的在于向人类社会提供有价值的产品或工艺。

二 工程的一般特点

作为人类实践活动，工程实践与生产实践紧密地联系在一起，也同科学技术实践活动紧密联系在一起，但他们之间也有明显的区别。比如，工程活动明显的具有技术复杂性，而一般生产活动可能使用技术单一；工程活动强调实践创造性，而一般生产活动表现为流水作业的常规性；工程活动强调造物过程的完整性，而一般的生产活动强调造物的重复连续性。还有，科学、技术和工程三者之间虽然有难以割舍的关系，但它们之间也有

---

① 丘亮辉：《论工程意识》，载殷瑞玉等《工程与哲学》，北京理工大学出版社2007年版，第100页。
② 肖平等：《工程伦理学》，中国铁道出版社1999年版，第28页。
③ 《辞海》第三部，上海辞书出版社1980年版，第503页。

明显的区别。科学强调对真理的追求，技术强调某种经验和技巧，而工程则是强调以科学理论为依托，借助专业技术，实现有使用价值的事物呈现。因此，工程作为一个整体性系统，具有如下特点：

第一，工程生产的目的性。工程是科技改变人类生活、影响人类生存环境乃至决定人类前途命运的具体而重大的生产性活动。工程活动的目的性强、方向性强。它不同于以兴趣为导向的科学探索，工程必须严格按照人类设定的各种目标，利用科学知识和技术手段探寻和构思设计方案。

第二，工程活动的系统复杂性。工程活动往往是一个体系复杂的创造性组织系统。它规模庞大，涉及因素众多。它往往要综合利用科学知识、经验技能、人、财、物等各种资源，况且工程活动处于社会环境中，还必须要考虑经济、科技、政治、文化等各个因素的影响。尤其是现代社会进行的大型工程，多学科交叉、多技术运用、多部门参与，复杂的社会管理纵横交织，复杂的参与主体个性各异，广泛的社会时代因素影响。

第三，工程活动经济时效性。工程活动总是希望能够最快最集中地将科学技术成果运用于社会生产，并对社会产生巨大而广泛的影响。它总是事先排定日程，有一定时间计划安排；工程活动还往往被纳入经济领域之中考虑，必须讲究时效，谋求高效益。

第四，工程活动的价值负载性。工程活动对社会的影响是直接的、全方位的，不仅有社会政治的、经济的、科技的，也有社会文化和伦理道德的。绝大多数工程从业者是在政府、企业等组织机构中工作的，谋生的需要是现实的、摆脱不了的，机构体制、组织政策、领导风格等组织因素对工程实施也有着直接的影响。工程成本和工程手段有限与工程需求的矛盾，也影响工程价值的选择。

三 工程伦理学的兴起

工程实践活动，古已有之，但工程作为一种专业活动，是在近代科技体系建立以后逐渐确立起来的。近代早期，人们在工程伦理上主要体现为一种对工程师的诚实可信的职业道德要求。从17世纪末工程专业产生到20世纪初，通行的工程伦理要义认为，工程师的基本义务是对机构的忠诚，工程师要做雇用他们的公司的"忠实代理人或受托人"。20世纪初，美国的各个工程专业学会通过起草伦理准则表现出他们对工程伦理问题的关注。这些准则侧重的都是专业内部的事务，有些类似中世纪的行规，要求工程师在工程服务时忠诚客户利益、避免利益冲突、不搞同行竞争、提高技术能力和专业声誉等，强调工程师对社会的责任。20世纪中期以后，随着工程活动对自然和社会影响的不断深入，新的工程伦理观念出现了，要求工程师对公众和自然界切实负起伦理义务的呼声越来越高，工程伦理逐渐从人际伦理扩展到社会伦理和生态伦理。

20世纪70年代，有两起引起全世界关注的工程活动事件成为工程伦理学在西方学界真正兴起的导火索。这两起事件都造成了巨大的人员伤亡。第一个事件是福特斑马车邮箱事件。1978年8月10日，一辆福特斑马（Ford Pinto）车在印第安纳州的公路上由于车尾被撞，导致油箱爆炸，车上的三个青少年当场死亡。这款车问世之后的7年当中，就有将近50场有关车尾被撞爆炸事件的官司。设计工程师及管理者可能会因严重忽视乘客的生命，而有牢狱之灾。油箱设计有瑕疵，不符合公认的工程标准（当时联邦法规并无相关的安全标准）。审判时，法官认为工程师设计时已意识到设计的危险性，但管理者为了使车款以较便宜的价格及时上市，只好迫使工程师使用该设计。设计工程师必须衡量他们对乘客及对上司的责任和义务，在乘客安全与成本的考虑之间取舍。第二件是DC-10飞机坠毁事件。1974年3月3日，一架土耳其航空的美制DC-10飞机在法国奥利机场附近坠毁，飞机在失去控制后撞毁在巴黎东北的森林中，346名乘客和机组人员全部死亡。这被认为是史上十大最惨烈的空难事故之一。后来查找事故原因是拙劣设计的货舱门闸线路爆炸并破坏了机舱和电梯的电缆。后来备受争议的DC-10的设计者麦克唐纳·道格拉斯（McDonnell Douglas）被迫重新设计货舱门系统。这两起重大伤亡事件，其原因在于从事研发活动的科学家和工程师将利润和效率放在了首位，而忽略了对公众安全、幸福和福祉的关注。自此开始，工程伦理学的研究在西方学界广泛进入人们的研究视野，工程伦理学在美国等一些发达国家真正开始兴起。

四 工程伦理学的发展

当今时代，工程活动对自然界和人类社会的影响越来越大，工程伦理学的兴起和发展在一定程度上反映了工程专业界加强伦理道德建设、提高工程专业地位的要求。同时，工程活动必须要建立专业的伦理规范，它才会自我约束，正当为公众利益服务。20世纪80年代，美国工程和技术鉴定委员会就明确要求凡欲通过鉴定的工程教育计划必须包括伦理教育的内容。1996年推出的美国工程师"工程基础"考试的修订本也包含了工程伦理的内容。英国、法国、加拿大、德国、澳大利亚等国家的各类工程专业组织都制定了伦理规范，并规定认同、接受、履行工程专业的伦理规范是成为专业工程师的必要条件。到 90 年代中期，工程伦理学的研究也开始进入中国，经过二十多年的发展，工程伦理学的教学和研究在中国逐渐走入建制化阶段，其研究内容也日益广泛深入。

从学术意义上来看，20 世纪 80 年代以后，理解工程伦理主要有两种倾向：一是从科学技术角度看工程伦理问题，这很容易导致还原论，可能将工程作为技术的一个应用部分，而不是作为一种有其自身特征的相对独立的社会实践行为，工程伦理也就容易被消解为技术伦理；二是从职业和职业活动的角度看工程伦理问题，这样又容易将工程伦理与其他的职业伦理混为一谈，容易将工程伦理仅仅归结为工程师的职业伦理，从而抹杀了科学技术在工程活动中的特殊地位。今天的工程伦理研究正在克服以上两种倾向的消极影响，突出工程活动的科学技术特征及其实践活动的相对独立性，从规范性、概念性、描述性等不同角度深化工程伦理的研究。

第二节 工程伦理学目标和工程活动的伦理原则

工程实践活动的主体构成主要包括工程决策者、工程设计施工者、工程项目管理者、一般工程建设者等多方面的主体来源。工程伦理学目标就是帮助工程实践活动主体明确社会责任、明确工程多元价值和工程综合效应影响，让他们在工程实践活动中具备伦理道德敏感，使他们在职业活动中能够清醒地面对各种利益与价值的冲突，作出符合人类共同利益和可持续发展要求的判断和选择，期望他们以严谨的科学态度与踏实的敬业精神为社会创造优质的工程产品和服务。

一 工程伦理学目标

结合工程伦理学的发展，我们可以看出，工程伦理学的任务目标主要分为以下几个方面。

第一，让工程科技工作者充分认识科学技术发展的双重效应，建立起全面的社会责任意识，使他们在追求发现、发明和改造自然的同时，关心工程实践对人类前途所产生的广泛而深远的影响，从而能够正确地面对工程实践活动各阶段的复杂矛盾冲突，作出清醒的道德判断和负责任的行为选择。

第二，尝试建构一个工程伦理学的思维框架和完善体系，在确立基本工程伦理原则的基础上建立工程师、工程决策者、工程管理者等不同工程实践活动参与主体的个人工作伦理道德规范。

第三，探讨和分析现代工程活动应当遵循的一般程序规则，找出现代工程实践中一些基本关系和容易发生价值和利益矛盾冲突的焦点，希望提供一组能够对工程的价值属性进行自我评价或社会评价与监督的标准或尺度。

第四，通过对工程实践活动中科技运用或工程实践引发的道德问题分析，引导人们关注科技的应用和工程建设，让更多的人建立起关心我们生存的环境、关心人类共同利益，并自觉为之提出建议或约束自己行动的意识。

二 工程活动的基本伦理原则

2014年6月3日，国际工程科技大会在北京召开，中国国家主席习近平出席大会并发表题为《让工程科技造福人类、创造未来》的主旨演讲，强调工程科技与人类生存息息相关。工程科技创新驱动着历史车轮飞速旋转，为人类文明进步提供了不竭的动力源泉；工程科技是改变世界的重要力量，发展科学技术是人类应对全球挑战、实现可持续发展的战略选择；工程科技是人类实现梦想的翅膀，承载着人类美好生活的向往；工程科技的灵魂在于开放，工程科技国际合作是推动人类文明进步的重要动力。[①] 的确，在人类历经工业化时代以后，工程活动成为人类文明进步的重要实践支撑，同时也是应对环境污染、能源危机等一系列问题的有力武器。大工程观视野下的工程活动实践必须遵守工程伦理准则，在工程活动中体现应有的社会责任感，正确的工程价值观、利益观和强烈的工程伦理道德意识，担负起维护人类共同利益的伦理责任。

（一）人本与人道主义原则

以人为本就是强调以人为主体、前提、动力和目的。人本主义的工程活动伦理原则意味着工程建设要造福于人类，提高人民的生活水平，改善人民的生活质量。在一定意义上说，工程活动伦理的第一要义就是"工程造福人类"。工程活动必须首先是为人类谋福利的，要把人类的利益作

---

① 人民网（http://gd.people.com.cn/n/2014/0604/c123932-21343044.html）。

为评价和选择工程活动的基本准则。这里的利益从宏观整体看不是一个集体、一个地区、一个国家的利益,而是全人类全社会的整体利益。服务全人类之所以是工程活动伦理的最高宗旨和核心,是因为它反映了工程技术与人类利益之间的关系这个工程伦理的根本性问题,也是工程活动价值的最高体现。

工程造福人类的伦理原则来源于人类文化的价值基础,即普遍存在的人道主义价值原则。人道主义原则要求任何工程活动都要尊重、维护人的健康和生命,至少不危及和损害人类的生存、健康和安全。在工程活动中,人本与人道主义从根本上说是一致的,但有时也是有矛盾和冲突的。当人本主义与人道主义发生冲突时,工程活动的选择就要坚持不伤害原则和关爱生命原则:必须尊重人的生命权,这意味着要始终将保护人的生命摆在重要位置,意味着不支持以毁灭人的生命为目标的工程项目的实施,不从事危害人的健康的工程的设计、开发,对明显的危及人道的工程实践活动不参与,对其中隐含的伦理问题有义务提出警示,始终树立维护人类尊严的伦理观。这是对工程共同体最基本的道德要求,也是所有工程伦理的根本依据。

(二) 关爱自然和可持续发展原则

工程共同体在工程实践活动中要坚持关爱自然和保持可持续发展的伦理原则,不设计和实施可能破坏自然生态环境或对自然生态环境有害的工程项目,工程实践活动要有利于自然界的生命和生态系统的健全发展,提高环境质量。在工程活动中要善待和敬畏自然,建立人与自然的友好和谐关系,实现自然生态和人类社会的可持续发展。工程实践活动不应滥用技术,破坏自然,要将开发利用与维护保养自然生态相结合,做到适度和谐可持续开发利用自然资源。

早期工程活动的伦理责任很容易将工程活动的责任范围锁定在人与人之间,但随着工程实践活动和工程产品的增多,大型工程项目的不断涌现,人类工程实践活动对自然生态环境产生的影响越来越明显,甚至产生严重的环境和生态恶果,人与自然的关系和可持续发展问题成为当代工程实践活动必须面对的问题。当今现实生活中,工程实践活动比任何其他人类实践活动都要更多地对自然环境造成影响,因此,工程活动不仅要严格遵守人本原则和承担对人的生命与健康的安全义务,同时在保护自然环境、维护生态平衡方面,工程实践活动主体也负有不可推卸的道义责任。

在工程实践活动之前，工程活动主体就应该对工程实践实施后可能造成的生态环境影响进行分析、预测和评估，提出预防或减轻不良生态环境影响的对策和措施，选择对环境可持续发展最合理的工程方案，拒绝实施对于生态环境损害影响巨大的工程项目；在工程实践实施过程中，要采取技术手段支撑，减少工程实践可能发生的环境不利影响，实行清洁生产和清洁施工，使整个工程过程保持高度的环境效率；在工程实践之后，要对工程产品进行跟踪和监测，作好环境影响反馈。

（三）公平正义原则

工程实践活动中必然要涉及方方面面、多元主体的利益划分，在微观具体领域看，任何工程总是为特定的人群带来实际特定的利益，但有可能会为另一部分人群带来影响甚至损害。比如，修建铁路从宏观看可能对相当多的社会人群有利，他们享受交通便利，享受由此带来的物质利益，提高了他们的生活质量，但对于因修建铁路而被拆迁和占用耕地的人们而言，他们也许要放弃祖祖辈辈生活的土地，要改变自己熟悉的生活方式，甚至要背井离乡。因此，工程实践活动必须遵循公平正义原则，在工程实践活动中应该始终树立维护各个权利主体合理合法利益的意识，对不能避免的或已经造成的利益损害给予合理必要的补偿。

一项工程活动一般要涉及工程建设的权利与义务、工程利益和风险的公平分配，这可能涉及国家、社会、集体、个人和自然物等不同层次利益的公平分配，可能还包括不同利益主体的权利、责任和义务的公平分配，也包括工程实践中工程设计者和工程技术人员之间责任和义务的公平分配等。公平正义原则要求工程实践活动必须在利益均衡、协调同意的基础上做出选择，要正确反映和体现个体与集体之间、大国与小国之间、现在与未来之间人们利益的辩证关系，要求工程师不把从事工程活动视为名誉、地位、声望的敲门砖，反对用不正当的手段在竞争中抬高自己，要尊重并保障每个人合法的生存权、发展权、财产权、隐私权等个人权益。

第三节 工程的价值审视

工程价值是指工程活动和工程活动成果满足人需要的一种关系。与一般的价值范畴相比，工程价值是一种比较特殊的价值，它是在工程活动过程中创造和实现的。可以说，没有工程活动就没有工程价值，而没有工程价值的工程也是不可能发生的，人们总是从工程的预期目标出发展开工程活动或进行工程评价的。工程价值在结构上是分层次的，有外在的功利性价值或工具性价值，也有内隐负载的超越功利性价值或人文价值。外在功利性价值凸显了工程的实用性和实效性，是工程得以实现的前提；内隐的超越功利的价值反映出工程的人性表达和它满足人的真、善、美的需要，也是衡量、评价工程品质的重要尺度。

一 工程活动的造物价值

工程活动自产生以来，就与人类社会生产和生活形成了紧密的联系。从历史方面看，人类要想生存首先需要衣食住行，工程活动就是始于人类生产物质生活资料的生产实践。原始文明时期，当人类从洪荒走出时就开始工程实践了，尽管当时原始的物质生产方式很粗糙，但也正是这种初级的粗糙的工程实践活动本身使人成为人。正如马克思所说："可以根据意识、宗教或随便别的什么来区别人和动物。一当人们自己开始生产他们所需要的生活资料的时候（这一步是由他们的肉体组织所决定的），他们就开始把自己和动物区别开来。"[①] 可见，工程实践活动是最原始的人类活动，是人最基本的生存方式。在农业文明时期，工程的价值取向主要还是为了造物解决生存问题。比如，中国古代的都江堰水利枢纽工程，当时为了解决粮食问题，他们大兴农田水利、农业机械等方面的工程建设。都江堰工程由当时的蜀郡太守李冰主持修建，工程建成后发挥了重要的防洪、航运、漂木、灌溉等作用，为成都平原人类的生存和繁衍发挥了重要作用。在工业文明社会，大量工程建设涌现，此时工程的基本价值取向是造物而获得的经济价值和功利价值，本质上是为了获取更多的物质财富，提升人类的生活便利和舒适水平。近代科技体系建立以后，工程活动所创造的工程造物价值更是最基础或最基本的价值，当然也是最重要或最根本的价值。因为以探索自然、改造自然、创造物质财富为宗旨的工程活动是科学技术作用于社会、服务于人类的重要中介，任何一项科学技术的发展只有通过工程活动的物化才能实现其实际效用。没有造物实现工程价值的工程实践活动，就没有创造技术价值的技术行动，也就没有创造科学价值的科学活动的必要物质手段与社会支撑。离开创造工程价值的工程行动，人

[①] 《德意志意识形态》，人民出版社1961年版，第14页。

类就无法立足于自然界,当然也无法生存。但若是人类仅仅追求工程造物的单一价值取向,也必然会为人类自身生产的自私、片面付出沉重的代价,因为工程实践活动单一的造物价值潜藏着功利意识对物质利益的贪婪追逐,这种危机使人类工程价值必须做出相应的调整。

二 工程活动的伦理道德价值

在工程活动过程中,工程作为一个整体实践活动过程,对伦理道德有着越来越深远的影响,同时也体现着工程活动的伦理道德价值。社会道德的进步,个体道德品质的形成、升华和完善,公共道德的认同等都与工程实践活动密切相连。工程实践活动对伦理道德的影响涉及伦理道德行为、规范和观念等诸多层面。首先,在行为层面上,当工程实践活动实施时或工程产品出现后,一方面,工程实践活动可以影响人们社会道德行为选择的内容;另一方面,人们道德行为选择也可以影响工程活动的发展。比如,新型环保材料技术工程的实施或应用,就可以让人们从众多的产品中选择其一,是选取价高的绿色环保材料,还是选取价廉有毒的污染材料,这就与道德行为的选择联系在一起。其次,在规范层面上,在工程实践活动的影响下,伦理道德规范可以通过人们行为方式的改变来达到自身形式的改变。比如,很多工程的建设,需要考虑生态环境问题,需要考虑人体承受与感受的问题,需要考虑民俗文化的问题等,长此以往,这就会作为一种道德规范逐渐被社会所接受。最后,在观念层面上,工程实践活动一方面通过改变或增加人们的行为选择来影响或改变人们的价值观念;另一方面工程技术转移会影响到原有的价值观念,带来伦理道德价值观念的变化,换句话说,工程技术转移也可能同时是一种价值观念的转移。

三 工程活动的环境价值

工程实践活动除了满足人类自身需求的物质产品和服务产品生产外,为了满足自然生态平衡和环境安全而进行的生态产品的生产工程实践也发挥着重要功能。在当前生态文明社会背景下,一切"利用自然、改造自然"的工程都是通过对自然环境的改变为社会提供有用性服务的,人与自然的关系在工程实践活动中体现的十分突出。工程价值必须逐步摆脱人对物的依赖关系,更多地关注人与自然的和谐相处、人类终极价值目标问题,环境价值就越来越成为工程价值的重要内容。所谓工程的环境价值,是指工程为人类的生存和发展提供必要的物质、能量基础以及精神满足。工程的环境价值有三个层次:一是工程对人类生存的作用和影响;二是工程对人类发展和完善的作用和影响；三是作为"人造物"具有的自然环境价值。环境价值具有整体性、周期性、不可替代性和不易度量性的特征。①

工程的环境价值蕴含着要求对资源开发和利用的工程活动有节制和限度，要求工程实践活动必须考虑环境容量，保证人与自然的协调发展，以保持自然界的可持续发展和利用。这种可持续性要求不仅是事实问题，更是价值问题，因此，工程实践活动中可持续原则的环境价值必须有效确立，从而对现实的工程实践加以规范和约束，以确保人类的生存与可持续发展。任何工程实践活动都要着眼于解决人与自然的矛盾，着眼于环境价值实现，才能确保造物价值实现，确保人类的生存质量不断提高。因此，任何工程参与主体都应该自觉地引入和遵守工程的环境价值观，应该自主地担当维护自然生态系统的社会责任，让工程回归和回馈自然。

第四节 工程活动中的伦理问题

"工程科学技术在推动人类文明的进步中一直起着发动机的作用，一部近代社会生产力的发展史，也是科学发现、技术革命、产业革命相互推进的历史……工程科技架起了科学发现与工业发展之间的桥梁"。② 工程活动一方面在人类社会的发展进程中发挥着越来越重要的作用；另一方面工程活动也会表现出很多的负面效应。如建筑领域的"豆腐渣"工程、食品医药生产中的食品药品安全问题、煤矿生产中的安全事故等。现代"大工程"观视野下的工程活动更具有社会化的特征，其作用力、影响力十分巨大，影响范围广阔，可以作用到人类个体、社会、自然界的方方面面，进而广泛影响着人与人、人与社会、人与自然的关系。因此，必须高度重视和关注工程活动中出现的伦理问题。

一 工程活动中伦理缺失的外在表现

当代工程实践是人们运用自己的思维方式通过科学技术力量来实现自我需求的一种活动，一项工程实践既可能涉及工程共同体各方的经济利

---

① 赵建军、丁太顺：《工程的环境价值和人文价值》，《自然辩证法研究》2011年第5期。
② 顾秉林：《中国高等工程教育的改革与发展》，《高等工程教育研究》2004年第5期。

益，也可能涉及自然环境的生态因素，还可能涉及多方公众的社会权益，因此，工程实践只要牵涉到人就必然会牵涉到伦理问题，伦理的缺失就必然带来现实的呈现。

（一）工程实践和产品的质量与安全

质量和安全是工程实践和工程产品发挥功能、实现其内在的和外在的价值的前提和基础。工程质量与安全若不能得到有效保证，工程项目造福人民、造福社会的目标就是一纸空文，由此导致的工程质量安全事故将会严重祸及人民的生命安全和国家的经济利益。几乎所有的工程规范都要求把生产的安全、公众的安全、人们的健康和福利放在优先考虑的地位，保证良好的工程质量和工程安全是实现这一目标的前提条件。否则，低劣的工程产品会给国家和人民的财产、健康、生命安全带来巨大的危害，危险的工程实践可能带来严重的生产安全和公共安全事件。

伴随着科技和经济发展，我国工程实践中的许多质量与安全问题也逐渐显露出来。比如 1998 年长江发生特大洪水，由于工程施工偷工减料，被称作"铜墙铁壁"的九江防汛墙却出现大决口；1998 年 6 月，全长 72 公里，投资 3.8 亿元建成的云南境内属于 108 国道的昆禄公路，试通车仅 18 天就被迫中断交通，省、市政府不得不再投资 1 亿元进行维修；① 广东省境内的佛山至开平高速公路是国家重点工程，通车不到半年，就有 18 公里需要"大修"、14 座公路桥桥面出现了裂缝。另据有关统计，我国每年仅因建筑物倒塌造成的损失就达上千亿元。还比如，2008 年杭州市地铁施工现场发生坍塌事故，造成 21 人遇难的惨剧；2009 年上海正在修建的楼房整幢倾倒，被称"楼歪歪"；还有最近一段时间工程治理焦点频繁发生的矿难事件更是造成了触目惊心的生命财产损失。因而，工程实践活动中的质量与安全问题必须要引起各方高度重视，保证工程产品质量和工程实践安全应该是工程共同体的首要责任。

影响工程质量和安全的原因是复杂的、多方面的，从工程决策立项、工程组织人员设计、项目管理程序、工程技术环节的科学与合理性差，到原材料的选取以次充好、施工人员的麻痹大意，以及政府工程监督部门的玩忽职守、以权谋私、中饱私囊等，任何一个环节的问题都会导致重大的质量和安全隐患。因此，在工程质量安全管理问题中，工程决策人员、工

---

① 关晖：《昆禄公路——从阴影走出来》，《中国公路》1999 年第 3 期。

程设计人员、项目管理人员、工程实施人员等多个主体的个人安全伦理修养、社会责任感、敬业精神、利益观、合作能力和法律意识、环境意识等，都与其工程质量与安全、工程后期的社会影响以及社会经济效益紧密相关。不具备起码的安全伦理道德的工程人员，在面对各种利益诱惑时就无法做出正确的选择，从而可能通过牺牲工程安全性及社会责任换取个人利益，其恶劣后果便是造成工程目标在实践中严重扭曲。

在工程生产实践活动中，工程共同体坚持安全原则，就应坚持利益主义与人道主义统一。所谓人道主义，是在任何情况下，以保证人的根本安全、满足人的根本生存需求以及保证人的基本精神需求为首要前提，通过不断改进生产条件，修订工程实践程序和规则，从而进行的各种有利于人类个体生存和发展的活动。所谓利益主义，是一切以经济利益为目标，以实现经济利益最大化为前提，忽视人的个体生命健康和安全，以获取人的最大劳动剩余价值为目标，显然利益主义是我们在工程实践活动中应该全面摒弃的。我们应该在人道主义前提下追求经济利益，要把人类的生存利益，包括生态环境、生存环境和物质需求作为评价与选择工程实践活动的标准。当人道主义与利益主义发生矛盾冲突时，应首先考虑坚持人道主义，坚持不伤害原则。

（二）工程实践活动的生态风险

从造物活动意义上讲，人类进行的每一项工程实践活动都是将天然自然界中的物质改造成可以为人所用的人工物。在工程技术产品的制造过程和消费过程中，工程实践与生态环境之间不断进行物质、能量和信息的交换从而发生着相互依存、相互作用的密切关系。在现代科学技术的支撑条件下，自然资源很容易被盲目利用和过度开发，用于工程实践活动和工程产品的制造。当前自然环境恶化、矿产资源枯竭和能源短缺等自然生态危机，在很大程度上是人类在工程实践中不合理地开发利用自然资源造成的。

比如，当前工程技术的迅猛发展给动物的栖息繁衍带来了十分明显的影响。铁路工程对动物迁徙造成的影响，大坝工程对洄游鱼类繁殖造成的影响等已经引发了广泛关注。特别是2012年著名的"归真堂活熊取胆"事件更是引发一场全国关于制药工程技术发展与动物权利保护伦理困境的激烈讨论与巨大争议。事件导火索源自2012年2月16日中国中药协会召开的媒体沟通会上中药协会会长关于"熊在无管引流过程中很舒服"的表述，由此互联网上争议四起。虽然有关专业人士一再表示目前的无管引流活熊取胆对黑熊健康并无影响，但是黑熊救助所及亚洲动物基金保护黑熊组织却始终坚持认为，没有一种引流方式是人道的，活熊取胆手术对专业要求很高，目前尚无手术成功率、引发疾病及并发症等数据，甚至还有一些企业滥用熊胆，在一些非必需、非中药的制品中也使用熊胆，例如牙膏、酒、香波以及饮料等。动物权利论者从肯定动物与人类权利的平等入手，为动物保护提供伦理学的理论依据。即使是坚持"动物只是工具，人是目的"观点的哲学家康德也认为残酷对待动物将会毒害心灵，不利于道德和仁慈。然而遗憾的是，在当代生物制药工程实践活动中，为了达到谋取巨额商业利润的目的，经常存在为了满足人类私欲，不顾及动物的感受，不惜使用残酷手段折磨或虐待跟人类一样有生命、有感知的动物的现象。

　　另外，随着当代工程实践的不断发展，许多生物物种濒临灭绝，生物多样性受到严重威胁。世界自然保护联盟（IUCN）公布的2011年《濒危物种红色名录》显示，在生存状况已知的59508种生物之中，有19265种濒临灭绝，占总数的32.4%。① 在工程实践活动过程中，这种破坏环境和生物物种的情形广泛存在，屡见不鲜。面对工程活动所带来的巨大经济利益诱惑，人类往往置伦理道德于不顾，自然生态规律及其他物种的生命也很容易被人类无情地践踏。工程技术发展与生物物种和生态保护之间陷入了两难的伦理困境。长此以往，如果在工程活动中，自然环境被严重地损害、掠夺，被损害、被掠夺的自然环境必然对工程活动的进行造成直接或间接的制约与损害，社会也会因此把自然环境恶化的罪责归咎于工程和工程共同体。

　　面对这种情况，工程共同体已经做出了积极回应，开始思考自己对生态环境的责任。特别是在发达国家对工程环境责任的认识和研究起步较早。1976年，美国土木工程师协会率先在其伦理准则中明确规定工程师应当为改善环境、提高生活质量尽责。1983年，这个规定修订为，工程师应当以这样的方式提供服务，即为当代人和后代人的利益节省资源、珍惜天然的和人工的环境。1996年修订准则时，又明确增加了关于环境的

---

① 凤凰网科技频道（http://tech.ifeng.com/discovery/detail_2011_06/17/7077078_0.shtml）。

规定:"工程师得把公共的安全、健康和福利放在首位,在履行其专业职责时努力遵守可持续发展原则。"世界工程组织联盟早在1985年也通过了工程师环境伦理准则,强调人类在这个星球上的生存和幸福取决于对环境的关心和爱护。[①] 1990年,美国电气电子工程师学会在其伦理准则修改时也直接提到了环境责任问题。1998年,美国机械工程师学会成为第三个在其伦理准则中引入环境问题的工程学会。我们可以看出,在工程实践中,越来越多的工程共同体成员重视并且正确履行其应承担的伦理责任尤其是环境责任,这可能就会减少工程实践对环境的破坏,形成工程与生态环境的良性互动关系。

(三) 工程实践带来的社会秩序风险

工程实践活动对社会道德的进步,个体道德品质的形成、升华和完善,公共道德的认同都有深远影响,工程实践活动涉及伦理道德行为的选择、伦理规范和观念的形成。另外,工程实践还涉及利益的分配和风险的承担,一个好的工程应该是一个利益分配均衡、风险承担合理的工程。若是一项工程实践对社会伦理道德形成产生了误导或阻滞,其利益分配和风险承担划分不合理,就必然带来社会秩序的不稳定。比如,2014年3月30日上午,广东茂名市区部分民众因当地拟建芳烃(PX)项目在市委门前聚集游行,30日夜间,有部分闹事者出现打砸行为,对公共设施肆意进行破坏,严重危害当地的社会公共秩序。类似的事件在我国其他地方也有发生。为什么创造社会物质财富的工程实践活动会与谋求人类根本利益的价值目标发生矛盾冲突呢?说到底这是因为一切工程实践活动都是以产量、产值、效益等经济技术指标尺度来评价的经济活动,它的目的是最大限度地获取经济效益。现代"大工程观"视野下的工程实践活动相当复杂,工程活动的实际社会效应远不像工程决策者和设计者当初预想的那样简单,可能由于工程技术、工程组织和工程利益的复杂问题,导致大多数工程实践不能顺利实施,还可能引发社会秩序风险和混乱。

工程实践往往会同传统伦理道德秩序发生尖锐的冲突,比如,在工程立项的伦理选择上,工程立项仅仅解决"能不能做"、"做什么"的问题,忽略了考虑"为什么做"、"应不应该做"的问题。工程的"善用"就容易得不到保障,工程的动机与效果就会出现相悖现象,工程的实施就可能

---

① 林声等:《中国总工程师手册》,东北工学院出版社1991年版,第34页。

带来许多负面影响,走向了工程初衷的反面。随着现代工程活动对社会影响的增长,人们对事物的道德价值取向和价值判断往往持双重标准,工程活动的影响可能不顾及伦理道德传统而强行作用于伦理道德,超越社会和文化容忍的程度,这时,工程实践活动与伦理道德的冲突就不可避免,社会秩序风险也就不可避免。

二 工程活动中伦理精神的内在支撑

工程实践中产生的负效应可能源于多种因素。有些是与现代科学技术知识结构不完善、不完备有关,但更多的负效应产生并非是工程技术本身造成的,很大程度上是"人为因素"造成的,在这些"人为因素"中更为根本的是缺乏工程实践中的伦理支撑。比如,人类盲目地、无节制地向大自然索取,片面地单纯追求短期的经济效益或满足公众的消费需求;在工程设计中疏忽大意,工程建设中缺乏社会责任感;为了局部利益或其他个人动机不负责任地主动实施错误行为等,都会必然潜伏着工程实践的巨大风险。

(一) 责任心

责任心是指个人对自己和他人、对家庭和集体、对国家和社会所负责任的认识、情感和信念,以及与之相应的遵守规范、承担责任和履行义务的自觉态度,是一个人应该具备的基本素养,是健全人格的基础,是家庭和睦,社会安定的保障。具有责任心的员工,会认识到自己的工作在组织中的重要性,把实现组织的目标当成是自己的目标。[①] 现代工程实践活动使人的行为日趋复杂化,责任问题越来越成为工程伦理学的核心问题。在工业革命以前,人们的知识水平和改造自然的能力还相当有限,人的活动行为的动机、目的与行为的结果之间的联系比较简单直接,人们习惯将行为或行为人的伦理问题归结为某种信念问题,那时"为某一特定的任务负责"的概念基本没有道德评价的内涵。近代工业革命以后,随着科学技术的巨大进步,人的活动行为的性质发生了很大变化,人们行为中的目的与结果之间的联系变得纷繁复杂。特别是工程技术实践目的与后果之间的关系变得不再单一,若只是关注动机、良知而忽视行为效果的伦理学就不再适合现实的情况。另外,现代科学技术的巨大威力赋予某些社会成员尤其是工程师、科学家等以极大力量,如果他们没有高度的责任感,不对

---

① 百度百科(http://baike.baidu.com/view/13785.htm?fr=aladdin)。

自己的行为加以规范和约束，就可能给他人、社会和自然带来巨大的伤害，甚至可能是毁灭性的灾难。因此，当前的工程行为者、行为本身以及行为后果之间的关系，已经与近代以前的人类工程实践行为有了本质上的区别，从而要求将责任推到工程伦理理论体系的中心地位。

工程活动中的伦理责任包括工程决策者的责任、工程设计、技术人员（工程师）的责任、工程活动施工人员的责任等不同的工程活动主体每个人都应有的责任。工程决策主体要承担决策和实施监督管理的责任，其道德要求就是工程决策和管理监督应是正确合理和科学有效的。工程师的责任就是首先其设计和技术方案要符合最新的科学技术标准，同时还要符合当地的地质和生态环境条件，符合真善美的要求，也就是说它是科学的、有价值的，又是安全的。工程施工责任就应按照设计蓝图进行施工，采用先进技术和工艺，保证工程的质量，注意施工安全、设备维修保护及原材料的节约，尽量避免对环境造成损害，使工程建设尽善尽美。另外，在工程建设中和工程完成后的工程产品使用与工程设施运行中，为保证其质量，以及保证它的安全运转和管理，参与者都必须人人有责，人人都可做出自己的贡献。

(二) 利益观

现代工程实践中利益主体多元，不同利益主体之间出现利益冲突不可避免，正如美国工程伦理学家 M. Davis 曾指出的，工程除了工程判断之外没有多少别的东西，利益冲突在工程中非常频繁地出现，而且利益冲突危害工程判断的可靠性、威胁工程的功能和作用。[①] 工程实践活动参与主体的利益观决定着利益冲突的趋向和工程风险的大小。

利益冲突往往是由利益主体、利益客体与利益中介三个要素构成的，在利益冲突情况下，常常会因为物质或经济利益分配不公正，工程的实用受益和代价不一致，或工程实践与生态环境条件不相容等，从而造成伦理上的道德问题。工程实践活动的利益主体往往可以分为工程师、公司或雇主与社会公众这三方。工程实践中利益冲突在纵向构成上往往也就是工程师、公司（雇主）与社会公众在实现自身利益的过程中，彼此之间发生的利益冲突博弈。利益冲突可能会破坏工程师与雇主或客户以及公众之间

---

① Michael Davis, *Thinking Like an Engineer – Studies in the Ethics of a Profession*, New York: Oxford University Press, 1998, p. 83.

互相信任的关系，也可能损害了工程师和公司的声誉。利益冲突影响到工程师的职业判断，这种获得外部利益的可能性会使得其无法履行对公司或公众应负有的责任，可能会损害到公司或公众的利益。

现实的工程实践中，每一位工程师、公司（雇主）、公众都应该树立正确的利益观，建立起对社会合理利益负责的道德意识，并且坚持以这样的意识去关注或检验自己工作的过程和后果，自觉抑制那些违背人类正义或危害公众利益的所谓工程技术开发应用研究和工程建设实施项目。工程实践要关注不同地域、人群等因素的利益，将政治、经济、自然、伦理等问题综合考虑，使工程建设的权利和义务、效益和风险代价公正合理的分配；在国家、社会、个人、生命和自然等不同层次的工程利益分配上体现公平正义。

特别对于工程决策者而言，其利益观决定着工程实践中公平公正的实现。当今工程活动对社会和自然的影响越来越大，工程决策者不仅应对工程活动的目标和后果做出判断，还应该对活动的全过程进行道德审视，对工程手段的选择进行道德控制。这需要工程决策者遵循工程活动的客观公正性，即工程活动应排除偏见，避免不公正。对工程活动中工程的风险要得到公平合理的分担，对工程技术的客观真实性和公正性使用负责。同时，还要求工程决策者要遵循公众利益优先性原则，即工程活动应该是增进人类公共福利和生存环境的可持续性的事业，一切危害当代人和后代人的利益和有损生态环境的工程活动都是不道德的。这种道德判断、道德审视和道德控制完美实现的前提就是合理正确的利益观。

（三）诚实

诚实是保证人际交往、社会生活正常运行的基本条件。无论在什么样的文化情景中，诚实、诚信都是一种美德和基本的道德规范。在工程实践活动中，诚实更应该是工程参与主体最基本的行为规范和基本道德素养。工程实践活动是一种自觉地运用客观规律和物质、技术手段改造客观事物的过程，诚恳、严谨、求实的科学态度是它的内在要求。尤其是工程实践活动的过程及后果往往决定着千百万人的祸福命运，这种科学求实态度和严谨的专业水准必然成为其伦理规范的基本要求。

诚实应该是工程参与主体最重要的职业伦理要求之一，因为工程参与主体职业行为必然包含着社会的期待和信任。工程技术人员为什么可以相信他们的同行的成果是可靠的？公众为什么可以放心地把专业范围内的问题委托给工程技术人员去处理？比如，公众为什么会把自己的身体健康交给医生？民众为什么住进楼房而不必时时担心它会倒塌？这就是因为分工日益精细化和知识化、专业化的现代社会是建立在诚实、诚信关系的基础之上的，唯有如此，工程实践的社会秩序才会得以保证。

对工程师而言，诚实精神是使理论的真理性得以保证的基本条件，也是使工程技术真正具有实践力量的根本保证。工程自身的技术复杂性和社会性，必然要求工程师要精通技术业务，能够创造性地解决技术难题，也要求工程师在工程活动过程中，必须从实际出发，尊重客观事实，能冲破传统观念的束缚，要坚持实事求是的严谨态度，按照客观规律和条件去设计和创造，来不得半点虚假，要求工程师对工作极端负责，对所从事的每一项工作都要遵循科学技术的规律，数据可靠，精心组织、施工，严把质量关，不断改进，提高工程和产品的性能，提出新设计、新工艺、新产品，做到先进性、科学性、可靠性、经济性相结合，并将这种作风贯穿于工程师整个职业活动的全过程。

《中国科学院院士科学道德自律准则》和美国科学、工程与公共政策委员会编写的《怎样当一名科学家——科学研究中的负责行为》都把"实事求是"和"诚信"作为必须严格遵守的基本准则之一。具体到工程活动，很多行业的工程伦理章程都要求工程师必须"诚实而公正"地从事他们的职业。比如，美国全国职业工程师协会（NSPE）的"工程师伦理章程"要求工程师"只可参与诚实的事业"。在导言中章程明确提出"工程师提供的服务必须诚实、公平、公正和平等"；其中的六项基本准则中有三项涉及"诚实"的伦理要求，即"仅以客观的和诚实的方式发表公开声明"、"作为忠诚的代理人和受委托人为雇主和客户服务"和"避免发生欺骗性的行为"。

第六章　管理域：科学技术社会运行的伦理治理

当前，运用有效的科技管理手段，保障科学技术高效的社会运行，成为各国政府关注的重点和整个经济社会的关键环节。科技的社会运行主要包括科技研发活动、科技应用决策活动、科技适应市场经济体制、科技健康持续运行的社会环境等诸多方面的内容。当代科学技术社会运行的结构模式与传统社会完全不同，它已经形成了"科学↔技术↔生产"的三位一体的双向动态结构模式。良好的科技运行离不开正确有效的科技管理，包括制定科技发展战略、有效的研发投入、持续的创新动力、合理的科技体制等，同时也离不开文化、道德、精神等伦理要素的引导与规制。丧失了科技伦理的指导、控制和规范，在科技管理过程中，科学技术社会运行的价值取向和实践准则上就会出现偏差，就可能造成难以控制的人类社会风险和不可估量的损失。如何规范科技的社会运行，融入伦理治理的元素，使科学技术最大限度地造福于人类或服务于人类福祉，成为当代人类必须关注的重要问题。本章试图探讨科技管理与科技伦理相结合的可能和实现路径，以期在科技管理过程中发挥伦理调节的作用，能使科学技术的管理更人性化，对科技发展起到更好的推动和规范作用。

第一节　科学技术社会运行的当代形态和伦理治理意义

当代科学技术就是一个庞大而复杂的社会子系统，科学技术的社会化和社会的科学技术化双向趋势日益加剧，大学科、高技术、强竞争态势十分明显，科学技术不再是人类个体好奇心导致的兴趣行为，科学技术更加突出了"人的科学技术"的显著特征，其内在蕴含的伦理治理因素也是不言而喻的。

一 科学技术社会运行的当代形态

与近现代科学技术相比，当代科学技术的社会运行明显呈现出一些新的形态。科学技术的社会性更加突出，任何重大科学技术成果的出现，不再是单纯的发明创造，而是来源于系统的综合性科学研究，这些科学技术成果的应用，不能只靠发展单项技术，要开拓多方面技术领域和基础研究，发展不同企业、行业的经济和技术协作，加强科技研究机构同社会的联系，所有这一切都离不开科技管理，只有加强现代化的科技管理，才能保证科学技术的顺利发展。

（一）科学技术社会建制化明显，科学研究进入"大科学"时代

大科学是当代科学技术最显著的形态之一。大科学的提出是在20世纪60年代初。美国一些科学家认为，当代科学发生了极大的变化，从小科学时代发展到了大科学时代。一般认为，大科学产生于20世纪40年代，美国制造原子弹的"曼哈顿工程"是大科学开始形成的标志。大科学这一特征表现在三个方面。

首先，科学研究已不再是个人或少数人在实验室里的活动，而成为一项社会事业，成为国家的一个重要部门。科学家人数成倍地增加。科研组织规模日益扩大并出现了空前的国际合作。科研经费以惊人的幅度增长。各国政府都加强了对科学研究的规划、管理和经费投入。除"曼哈顿工程"外，第一台电子计算机的研制、"阿波罗登月计划"等都是这种大科学的典型事例。此外，由于当代科学研究活动艰巨复杂，规模庞大，耗资很高，往往使一个国家力所不支。因此，科研活动的国际化成为必然，并从早期的跨国公司发展到若干国家的联合。"曼哈顿工程"就是美国、英国、加拿大等国共同完成的。第二次世界大战后，欧洲一些国家成立了欧洲原子能委员会和欧洲空间局，以从事原子能的开发和空间技术的研究。1985年，由法国倡导的"尤里卡计划"，更是举世瞩目的国际合作。到1988年，参加该计划的有23个国家、800多家科研机构和企业，已经确立的项目达213个，包括了所有的高新科学技术领域，总投资约80亿欧洲货币单位。当代科学研究的社会化和国际化，是大科学最突出的表现。

其次，当代科学形成了分层次、立体网络式、开放的大系统。一方面，原有的传统学科不断分化，分支学科越来越多、越分越细，专业化越来越强；另一方面，各学科又相互渗透、交叉、融合，学科之间的界限越

来越不明显，出现了许多交叉学科、边缘学科、横断学科。自然科学与社会科学相互交叉，出现了科学社会学、环境科学、社会数学、决策科学等一大群交叉学科。

再次，众多学科的协同作战成为科学研究的一种重要形式。随着科学研究的深入，面临的课题越来越复杂，单一学科的研究已无法胜任。因此，多学科的联合攻关顺理成章地发展起来。例如，电子计算机的出现就是电子学与数学的结晶，分子生物学则是化学、生物学等学科杂交的果实。对于全球生态环境这样复杂的大问题，没有数、理、化、天、地、生及相关学科和相关技术的共同参与，是难以展开全面深入的研究的。可以说，当代大科学的形成，既是社会的需要，也是历史的必然。

（二）科学技术与生产一体化加剧，技术研究进入"高技术"时代

现代科技体系结构表明"科学—技术—生产"一体化趋势明显加强，科技成果应用周期不断缩短，技术更新换代不断加快，科学技术对生产的决定作用日益突出。特别是在技术领域，技术创新对经济社会发展的影响十分明显，整个社会进入所谓"高技术"时代。高技术的概念起源于美国，目前尚无统一定义。美国的经济界认为："凡是知识和技术在这类产品中所占比重大大高于材料和劳动力成本的产品称为高技术产品、高技术产业或企业。"显然，这是从产品和产业来定义高技术的，而不是仅指高级技术或先进技术。也有人认为："高技术是指那些对一个国家军事、经济有重大影响，具有较大社会意义或能形成产业的新技术或尖端技术。"中国通常将信息技术、生物技术、新能源技术、新材料技术、空间技术和海洋技术列为高技术。高技术主要表现为"三高"。

第一，高智力。高技术是以高深的科学理论和最新科学成就为基础发展起来的，是当代水平最高、最为先进的技术。知识的高度密集是高技术发展的先决条件。高技术产业也大多集中在科研机构、高等院校聚集的地区。

第二，高投入。高技术的发展需要投入巨额经费和大量人力、物力，需要强大的国力和坚实的经济基础作为支撑。"阿波罗登月计划"、"星球大战计划"、航天飞机和巨型电子计算机的研制等，都是在这种高投入的条件下进行的。

第三，高增值性。高技术成果用于生产，可以获得巨大的经济效益。据估计，美国在空间计划方面，每花费10美元，生产率可提高0.1%，

仅此一项，美国国民生产总值每年可增加30亿美元。据日本的统计，到1990年，全世界生物工程生产总值已达270亿美元。用1000升基因工程菌发酵液所生产的胰岛素可达200克，相当于1600公斤猪或牛胰腺的提取量，其收益率极其可观。

（三）科学技术成为国家的战略产业，科学技术竞争成为国力竞争的制高点

当代科学技术对经济、军事、政治的影响十分巨大，与国家的兴衰存亡息息相关。国家之间科技能力的竞争成为国家实力竞争的关键。谁掌握了当今先进的科学技术，谁就占据有利地位，掌握了主动权，就可以使国力大增，占领国际市场。从世界第一颗原子弹开始，到空间技术、高速电子计算机、生物技术、高温超导等，几十年来，一些发达国家展开了一场又一场没有炮火硝烟的激战。它们不惜代价，志在夺取科学技术的领先地位。这种国际科技竞争的加剧，对当代科学技术的发展起到了强大的刺激作用。进入历史发展新阶段，国际科技竞争将会愈演愈烈，各国都在为发展高科技及其产业化力争世界一席之地。当今世界已经进入一个政治、经济和科技发生着深刻变化的时代。科学技术正以它从未有过的力量改变着世界面貌，主导着社会文明的前进。任何一个国家，包括发达国家，在当代高科技的突飞猛进中，都不能在这个赛跑线上稍懈一步。一个严酷的现实问题是：即使一个工业发达国家，如果不在高科技及其产业化上保持优势，就有可能沦为技术上的发展中国家；相反，发展中国家如能在某一方面或某几个方面的高科技领域捷足先登，实现技术跨越，就将带来社会生产力的跨越，有可能后来居上，经济强盛，综合国力增强，成为世界强国。两次世界科技中心转移足以表明这一点。为什么连美国这样一个世界头号经济强国，也一再强调，要始终保持高科技领域的全面领先地位？道理基于此。可见，发展高科技，实现产业化，对每一个国家都是经济上的生产力、政治上的影响力、军事上的战斗力、社会全面进步的推动力。谁想在新时期赢得更多的竞争优势和更强的竞争实力，谁就要在发展高科技、实现产业化上尽量占取世界上更大的"一席之地"。

二 科技社会运行伦理治理的意义

伟大的科学家爱因斯坦认为，科学从本质上说是至善的，科学社会运行中蕴含着道德。科学技术中蕴含着逻辑的、价值的、审美的、道德的因素，科学技术的发展和应用是无法超越认识论和价值论前提的。任何成功

的、具有创造性的、合理的科学技术研究活动，都是建立在客观规律基础之上的，都是合规律性的。实践告诉我们，只有建立在正确目的基础上的科学技术研究活动，才可能实现对规律的自由选择。科学技术的伦理本质要求科学家在科学技术实践活动中，追求事实，服从事实，努力做到公正合理、认真严谨，与此同时还要具有高尚的职业道德和纯真无邪的科学技术动机，并使获取的科学成果有益于人类，正确地处理好人与自然、人与社会以及人与自身的关系。科学技术是人在生产自然界的活动，是人按照美的规律塑造的结果，也都是人化自然组成部分。人在体验科学思想领域和技术成果的最高神韵，追求无比壮丽和谐的感性意境时，其道德情感和思想的境界也在对于科学的认识中得以升华，实现心灵的超越。

科学技术并不是客观上给定的某种东西，它也有一个形成和发展的过程，这个过程应是人主观能动性作用于天然的或人工的自然过程。发展科学技术是人文道德伦理关怀的体现，在人与科学技术之间，后者永远只是工具和手段。同时要看到，道德伦理关怀是多元的，科学技术只有同积极的、进步的伦理规范相结合，才能达到积极的、进步的结果。对高科技的开发与应用如果监管不力，很有可能给人类带来灾难性的后果。随着当代科学技术的发展，人类影响自然的能力大大增强，只有对当代科学技术予以充分的伦理治理，才能保持人与自然的和谐发展。

科学技术实践活动自产生以来就与人们的功利价值观联系在一起，特别是近代以来，建立在市场经济体制上的科技社会运行和管理模式主要是以造福人类、推动经济发展的功利主义价值观为导向的。无论是人们对科学技术概念的界定，对科学技术的社会功能和社会价值的认识和态度，还是对科技管理目标的确定等方面，都反映出强调经济效益指标的价值取向。这种价值取向很容易被科技行政管理部门所强化，进而又成为他们的政绩指标。这种倾向所带来的弊端是非常明显的，它忽略了科学理论的认识客观规律的作用，妨碍了为学术而学术的纯粹研究，使纯理论科学研究没有得到很好的发展；同时也忽略了对技术成果应用方向的有效控制，把技术仅仅当成获取经济利益的便捷工具。随着社会的发展，科学技术功利主义的正面影响越来越少，其负面影响却日益显现。因此，运用伦理规范对科学技术实践特别是科技管理活动进行调节十分必要。这种调节不仅要通过管理制度和规范发挥对科技活动主体的外在约束，而且要通过调动他们的内在情感机制实现科技管理的目标。

总之，深入研究科技社会运行与伦理治理的融合，一是从理论上看，可以进一步探寻科学技术的社会运行中出现的一系列问题的根源，分析科学技术社会运行活动要进行伦理治理的可能性和必要性，揭示科学技术社会运行活动过程中的内在矛盾、危机和可能的转向，从而对科技社会运行体制机制做出合理的补充。二是从现实实践上看，当前我国社会出现了诸如高速列车技术质疑、食品添加技术滥用、钱学森之问、大型科技工程项目评估评价、科技学术道德危机等一系列关系到科学技术社会运行活动中出现的社会问题，这些问题的出现无疑都与我国当前科技管理过程中工具理性盛行、价值理性缺失有关，与当前我国社会各阶层内心的科技伦理素质的缺乏、科技伦理规范治理的弱化有关，通过研究也许能帮助我们找到解决科学技术发展和应用过程中有关人类困境的一种有效途径，并可能对我们社会发展模式的选择有一定启发。

第二节 科学技术社会运行伦理治理的内涵和路径

现代科学技术是一个与社会大环境紧密联系的开放系统。由于社会大环境的制约，科学技术实践活动内容和方式一定要取决于社会各方对科学技术的实际需要和支持。因此，对于现代科学技术的社会运行来说，不仅科学技术专家之间的实践行为互动在起作用，科学技术研究者与非科学技术研究者（如科技政策制定者、科技项目管理者、科技创新组织管理者、科技投入赞助商、社会活动家、新闻记者等）之间的互动也起着重要作用。两者共同作用构成了现代科学的社会运行机制。特别是作为科学技术发展的决策主体，科技运行的管理者对科技发展与应用的效果起着决定性作用，科技运行的伦理治理方式更是不可缺位。

一 科学技术社会运行伦理治理的内涵和任务

科学技术社会运行的"伦理治理"（ethical governance）一词对于我们还是一个新颖的概念。在 2006 年启动的中欧合作项目中被第一次引入中国生命伦理学界，但当时并没有得到很好的理解和解释。中方专家把 governance 解释为"管治"，欧方专家强调 governance 指的是非等级分层管理的术语，指相互合作、协调和商议，不仅仅在国家组织之间，还包括大量非政府组织，不仅包括写下来的规则，而且包括非正式的工作惯例、同行间相互监督等。中欧双方专家对 governance 的不同理解，客观上反映了双方实际所处的伦理制度环境和认识不同。把 governance 解释为传统的自上而下的"管治"或"管理"，没有充分地把握这一概念的意义。伦理问题的解决固然需要好的管治或管理，而且还应该加强，但同时应该包括更多的社会角色参与，并建立和发展更丰富的机制使不同参与者充分互动和合作，因此用"治理"更能表达 governance 的含义。

科学技术社会运行的"伦理治理"，实际上是指科技管理者以科技伦理规范建设应用为核心，协调发挥政府、科研机构、伦理学家、民间团体和公众等多种社会角色的不同作用，通过各种相关利益者参与的方式，平衡利益分配，共同解决科技伦理问题。具体包括以下几个方面的任务：

第一，保障科技运行和发展的正确决策。没有正确的科技发展决策，就没有合乎理性的科学技术实践行动。在科学技术实践活动中，科技因素、经济因素、伦理因素、社会因素是密切联系在一起的，因而，在科技发展决策中，伦理层面是不应缺位而且也绝不能缺位的。科技决策的伦理治理就是依据科学技术实践活动内在的规定性和科学技术决策服务于人的目的性，制定相应的伦理原则，并以此规约科技活动各阶段全过程的决策行为，从而保证科技实践活动合理地、健康地运行，造福于人类。科技发展决策的伦理治理是围绕着目标展开的，其决策的伦理规约的终极目的是使科技给人类带来福祉；科技发展决策的伦理治理的基本原则是依据科技发展决策中内在的人与人、人与社会、人与自然的伦理关系生发而成的；科技发展决策的伦理治理不仅包括对科技发展决策主体的责任约束，也包括对科技发展决策外部伦理境域的构建，也是对科技应用的伦理限制。

第二，建立公正合理的科技运行体制机制。公正合理是科技运行体制机制的首要伦理美德，没有公正合理的科技运行体制机制，就没有科学技术的快速创新和健康发展。科技创新，就是要在深入认识自然界过程中发现新的事实，创造新的科学理论，或者运用新的技术手段，进一步揭示人对自然的能动关系。用一句通俗话来说，就是要对现有的科学理论和技术手段不断地突破，不断地超越。然而，科技创新不是凭空产生的，它需要适应市场经济的科学技术，并以运行体制机制做保障，包括公正合理的科技奖励制度、技术专利制度、知识产权保护制度、科技中介服务制度等。科技运行体制面对大量伦理问题，它需要科技管理从体制机制上遵循伦理原则，将伦理要求和道德规范渗透于科技管理的机构设置、职责范围、权属关系和管理方式等方方面面。体制机制作为一种相对稳定的社会制度形态，是国家政治体制、经济体制、科学传统、意识形态和文化传统综合的产物，必然受到伦理因素的制约。科技运行体制伦理主要表现为科技体制的设计及运行中所蕴含的价值观念、伦理原则和道德规范。改变旧体制，就是要用新伦理理念和规范去克服旧体制中不适应社会发展的方面。另外，科技管理者还应该敏锐地应对科学技术对传统伦理的冲击，赋予科技创新正确的价值负荷，规范发展和合理应用科学技术，引导科技创新的正确方向，加强科技立法，把握什么时候应该重点和优先发展什么领域的科学技术，把握什么样的科学技术应用在什么样的社会领域，最终要保证科技创新和科技应用的目的是促进地区、国家、人类社会的和平与发展。

第三，克服科技运行中的功利倾向，平衡各方利益冲突。利用科技为人类谋福利是人类研究和发展科学技术的初衷，但在对科技的发展与应用实践中却往往普遍地表现出过分的功利倾向，从而引发利益冲突。利用科学技术手段为了本国、本民族、小团体利益或满足个人的私欲造成而对他人利益、集体利益、国家甚至整个人类和自然界利益损害的现象时有发生。比如，一些企业在利润的驱动下，在运用科技手段制造商品的同时，排放出污染物质使人类赖以生存的环境因受到严重污染而恶化，造成威胁人类生存和发展的生态危机；再比如，电脑黑客为了证明自己的能力制造计算机病毒造成数据的丢失、系统的瘫痪或者闯入别人的计算机偷看并泄露别人的隐私。这些行为都严重影响了人类社会的正常秩序和社会生活，他们关心的是科技带来的局部利益，很少或基本上没有考虑科技行为应履行的社会责任。这时，科技管理者就需要运用"伦理治理"和"法律治理"的手段，既要前瞻性地给予预防，也要事后性地给予过失惩罚和利益补偿。

二 科学技术社会运行伦理治理路径

科学技术社会运行的"伦理治理"主要有两种路径选择：

第一种是内在路径，就是"科学技术管理主体的内部伦理治理"，解决"约束和控制科学技术管理者的动机"问题。所谓内部路径，是科技管理者由一系列"自己内心的价值观与准则组成的"自我控制，它高度重视科技管理主体的内在道德与道德力量，并诉诸科技管理主体的道德自律，使其行为合乎义务要求。要解决这一问题，必须确立科学技术管理者的道德责任，这又包括两个维度：一是前瞻性的，即科技管理者个人或群体应确保科技实践活动不是用于破坏性而是有利于社会的目的。二是后视性的，即科技管理者个人和群体应就某种科技实践行为和后果而接受伦理评价——对好的结果，他们应当得到道德赞扬；对坏的结果，则应受到道德谴责。特别是对科技管理主体而言，外部控制可能在一定程度上使科技管理者行为正当，但是它无法保证科技管理者的完备性，无法保证科技管理者在缺少有效监督情况下还能自觉保证公众服务和管理的品质。任何一种制度性设计与规定总是相对的，总是可能存在某种缺陷，而且它总是要通过一致的自觉活动实现，总是不同程度地给科技管理者留有某种自由自主发挥的空间。因而，对科技管理主体的外部控制不是万能的，必须同时注意对科技管理主体的内部控制和内在提升，注意科技管理者道德精神与完备人格的培养。

第二种是外在路径，即是"科学技术社会运行的外部伦理治理"，解决"控制科技运行参与人的行为后果"问题。这就是，如果责任意识并不能约束参与人的行为，参与人缺乏规避风险的自律行为，对此，就需要制度安排和政策设计，将伦理规范的"软约束"变为制度规范的强制力。正如著名学者万俊人所述，我们认为所谓科技管理的外部控制，指通过有效的制度建设，诸如新的立法、制定新的规则、颁布新的制度，重新安排组织结构或建立新的组织，以加强对科技管理主体的控制，使其行为合乎规范与人们的期望。[①] 因而，科技管理的外部控制就是建立在对制度的依赖基础之上。在一般人性论意义上而言，任何个人的判断力与职业水平，都不足以保证人们始终如一地合乎道德规范的行为。现代社会的法治特质也应体现在科技管理活动过程中，当然，这种科技管理的外部制度依赖是与科技伦理规范统一的。科技管理活动中的伦理规范的法治化，不仅仅指科技管理主体权力合法性来源的公民委托授权，也指任何科技管理主体都必须在宪法法律的范围内行事，都应当受到法律、法规、制度的约束，还指科技管理活动必须遵循制度化、法律化的方式进行。

[①] 万俊人：《现代公共管理伦理导论》，人民出版社2008年版，第168页。

第三节 科学技术社会运行伦理治理的现实障碍

科技实践活动往往关系到竞争的成败，涉及巨大的物质利益与经济问题，而且在科技领域中还具有资本密集、涉及面广、管理环节多、队伍成分复杂等特点。特别是当前世俗化动机很容易导致个人行动非理性的膨胀和个体价值混乱，再加上政治权力对"生活世界"的入侵和销蚀，科技管理者、科技研究工作者和公众往往都过度关注物质文明，缺乏应有的人文关怀，全力追逐物质利益、眼前利益而忽视社会的和谐发展与个人的伦理责任，给科学技术社会运行的伦理治理带来诸多的困扰和障碍。这种实践中的障碍大致可以从宏观和微观两个层面来认识。

一 宏观层面的伦理治理障碍

从宏观上讲，当前社会处于工业化向后工业化、传统向现代过渡的转型时期，公众原来所熟悉的社会环境发生了大规模、高速度的剧烈变动，出现了大量的新事物、新观念和新的行为规则和规范，旧的价值观念、伦理规范、公共管理者和公众的素质等都不能再适应新的形势要求，需要变革和提升，甚至新旧价值观念还可能产生激烈冲突，导致价值混乱，另外还由于科技伦理意识淡薄，科技伦理教育缺乏，造成科学技术社会运行过程中伦理治理的巨大障碍。

（一）公共管理者和公众的科技素养普遍偏低

所谓科技素养，是指用来表示个人所具备的对科学技术的基本理解。2006年3月20日，国务院颁布的《全民科学素质行动计划纲要》中指出："科学素质是公民素质的重要组成部分。公民具备基本科学素质一般指了解必要的科学技术知识，掌握基本的科学方法，树立科学思想，崇尚科学精神，并具有一定的应用它们处理实际问题、参与公共事务的能力。"《纲要》中科学素质的概念，是我国特有的表述，与科技素养为同一概念。虽然世界各国学者对科学素养内涵的见解各异，但又不乏共同之处。综合学者们的观点，科学素养的内涵主要涉及以下三个部分：一是科学术语和科学基本观点；二是科学的探究过程；三是科学对个人和社会的影响。科技素养正在成为一个人日常生活必不可少的能力，更是领导干部必备的基本素质之一。从小处说，一个人如果缺乏起码的科技素养，将难以分享现代人类思想的丰富成果，也难以在现代社会中高质量地生活。从大处讲，管理者科技素养的高低，将在一定程度上影响其科学决策和科学发展的能力。

近期，我国不同部门、多个研究机构对在不同层面、不同地域范围内领导干部的科技素养进行了若干次调查。比如，国家行政学院综合教研部在中国科协科普部的支持与指导下，时间跨度两年半，借助米勒调查体系，以当时在校进修学习的地厅级和县处级干部为样本进行了抽样调查，调查通过分析样本"对基本科学知识的了解程度"、"对基本科学方法的掌握情况"、"对科学与社会之间关系的认识程度"三个方面的数据来反映领导干部是否具备科技素养；中共北京市委组织部、北京市委党校、北京市科学技术协会联合，采用另一调查模型，就北京市领导干部"对科技政策的理解掌握情况"、"对科技的认识和态度"以及"对科技常识的了解程度"三个方面进行了调查。广东、浙江、贵州、湖南、湖北等省份的研究机构也相继采用不同的调查模型对本地区的不同级别的领导干部科技素养进行了调查。

通过调查发现，随着社会的进步，领导干部知识水平和学历层次逐步提高，领导干部群体的科技素养整体上在逐步提高，且明显高于同期公众科技素养的平均水平，领导干部对科技的作用和重要性，大多有比较充分的认识。但是，总体上调查结果并不令人满意。国家行政学院课题组调查报告显示，我国地厅级和县处级公务员具备基本科学素养的人数比例分别为 8.2% 和 12.2%；① 浙江省首次公务员科学素养调查，基本具备科学素养的比例为 6.2%；② 广东、北京分别得出结论："广东领导干部科技素质让人忧心忡忡"、"建议以法规的形式明确领导干部必须不断提高科技素养"。可见，当前我国公共管理者的科技素养与社会主义市场经济和改革开放要求相比，与当今科技日新月异迅速发展的要求相比，与现代社会公共事务管理能力的要求相比仍然有很大差距，主要表现为：公共管理者对科学技术缺乏应有的兴趣与关注；没有完全树立科学的世界观和方法论，相信封建迷信活动的现象相当严重；当代科技知识相对贫乏；科技政策水平普遍较低；使用现代科技手段进行决策的意识不强。

---

① 《我国公务员科学素养调查研究报告》，《学习时报》第 342 期。
② http://news.xinhuanet.com/employment/2008-11/09/content_10329856_1.htm.

从公众的层面来看，自 1992 年以来，我国共开展 8 次全国性的公民科学素养调查，调查结果不容乐观。中国科协 2003 年全国人口科学素养的调查结果显示我国具备基本科学素质的人口仅占总人口的 1.98%。① 2010 年 11 月 25 日，中国科协召开新闻发布会，对第八次中国公民科学素养调查结果进行发布。调查结果显示，"十一五"期间我国公民的科学素养水平明显提升，2010 年具备基本科学素养的公民比例达到了 3.27%。② 这一数字基本可看作是我国目前的最高水准。而在 2000 年美国公众基本科学素养水平的比例就已经达到 17%。与发达国家相比，我国公众的科学素养水平明显落后，现状堪忧。绝大多数公民不具备最基本的对于科学技术的理解能力，缺乏科学技术常识，对科学方法基本一无所知，对科学技术对社会和个人所产生的影响也不甚了解，社会迷信程度仍然严重，伪科学还有很大的市场。

（二）转型期多元文化背景下社会价值观念混乱，伦理道德缺失

科技活动实践主体的道德水准与社会整体大环境密不可分。当代人类生存背景的一个基本事实是转型变迁。安东尼·吉登斯在《失控的世界——全球化如何重塑我们的生活》一文中讲："我们有更充分更客观的理由认为，我们正在经历一个历史变迁的重要时期。而且，这些对我们产生影响的变迁并不局限于世界的某个地区，而几乎延伸到世界的每一个角落。"③ 特别是在我国现阶段，特定的历史时空坐标就是正处于现代化进程的高速发展时期，社会正在经历深刻的社会转型，它的实质就是由传统农业社会向现代工业社会、由传统封闭型社会向现代开放型社会、由高度集中的计划经济向以竞争和利益导向为重要特征的社会主义市场经济体制的转变，这是全社会范围内一次重大的结构和利益调整，人们在社会生活的方方面面发生着激烈深刻的调整变化。一般来说，道德变化具有滞缓性的特征。这就会出现一方面人们对传统的集体计划经济体制之下的道德规范仍然念念不忘，但是社会现实又使之无法实践；另一方面社会主义市场经济体制所带来的社会结构整合还没有完成，全方位的合理利益调整尚未到位，与之相适应的新的道德规范体系尚没有确

---

① http://www.people.com.cn/GB/keji/1056/2510493.html.
② http://www.cast.org.cn/n35081/n35473/n35518/12451858.html.
③ ［英］安东尼·吉登斯：《失控的世界——全球化如何重塑我们的生活》，周红云译，江西人民出版社 2001 年版，第 2 页。

立，于是就产生了社会转型调整时期所特有的社会道德规范缺失，即道德失范。具体表现为，在社会生活中，作为人们生活行为规范的道德价值及其规范要求、评价标准要么缺失，要么缺少客观性和有效性，进而不能对社会生产生活方式和行为发挥正常的调节和规范作用，从而表现为人们社会行为的混乱无序。

正像《第三次浪潮》作者托夫勒所说，任何一次重大的社会变化，都会造成一些人心灵上丧失三种东西：共识、秩序和意义。我国目前正经历着前所未有的社会大转型，伴随着我国商品经济和市场化大潮的涌动，传统的以集体主义、理想主义、道德主义为核心的主流价值观念开始受到冲击挑战，个人主义、实用主义、拜金主义等思潮迅速萌生，在社会某些层面明显出现了世俗化、功利化倾向。一方面是人们的功利、效益、自主、竞争意识的不断增强，给社会发展带来蓬勃向上的活力；另一方面是原有道德基石的坍塌和新的道德体系尚未建立起来，从而产生共识的缺乏，秩序的混乱和是非善恶界限的模糊。再加上我们对伦理道德建设研究不足、重视不够，以及市场经济追求利益最大化的影响，极易引发重利轻义的义利观和人们只追求自身物质利益的自利行为，引发社会上人际关系的金钱化、势力化和冷漠化，引发整个社会的躁动不安、急功近利和不择手段，致使只想获得利益而不愿承担责任的无责任化现象的流行。因此我们社会的政治、经济、文化等各个领域普遍出现诚信危机、道德失范的现象就不足为怪。也可以说，道德失范是当代中国社会道德问题的集中体现，是市场经济发展到一定程度的衍生品，是社会转型期的附着物，具有一定的必然性和阶段性。在这种背景下，科技活动实践主体的行为和思想也必然受到时代和文化的影响，同样会出现职责上的动摇和规范上的滑坡，大环境的影响无可避免地会造成科技管理主体的责任和规范意识的缺失，这也是现代化背景下科学技术社会运行伦理治理之所以面临巨大困难的重要原因之一。

（三）科技伦理教育缺失和人文关怀匮乏

近些年来，由于受实用主义和功利主义思潮影响，社会的关注焦点主要在经济发展速度和民生保障的问题，忽视了公众科技伦理道德素养和人文关怀问题。特别是在应试教育的大环境下，重知识轻伦理的教育倾向十分明显。青少年成长期，从家庭教育、学校教育到社会环境，都仅关注知识教育，注重"实用"知识的掌握，过于注重科学知识的工具意义和考试价值,而轻视人文价值,忽视对青少年的伦理道德教育和道德人格的培育。另外,伴随着现代科学技术的进步,人们的主体性力量得以逐渐确证,于是就出现了一种对科技无批判的乐观主义,导致科技理性逐渐膨胀。认为科技不仅可以使人从自然束缚、愚昧无知和贫困中解脱出来,而且迷信科技进步必然带来人类的福祉,自由、民主和幸福的生活随着科技理性之光的照耀而即将来临,人类开始把自己凌驾于自然之上,变成自然的主人。一方面,人类更关注关于自然的有效知识;另一方面,人文科学越来越被技术科学知识所挤兑,人文精神受到排斥和挤压。

二 微观层面的伦理治理障碍

从微观层面来讲,科学技术社会运行的伦理治理主要是通过科技活动实践主体,特别是科技管理者的内部伦理自律和伦理外化的制度约束来实现的,当前科学技术社会运行的伦理治理在这两个方面都存在诸多现实问题。

(一)从当前科技管理者的内部伦理治理来看,主要表现为科技管理主体缺乏科技伦理素养,缺乏伦理自律和他律,管理主体多元导致责任泛化模糊

在有关伦理学的研究中,人们经常不断地探讨"他律"和"自律"的问题。所谓"自律"就是人的内在道德规范和伦理约束,自律是道德存在的特殊方式,没有自律就没有道德,也就无所谓伦理。而所谓"他律"则往往以纪律或社会舆论形式出现来约束人的行为。正确处理自律和他律的关系是保证人类价值真正实现的关键。科技社会运行的伦理治理强调在遵守法律、制度等"底线伦理"的基础上,注重自我约束、自我管理,注重通过社会舆论、道德榜样和个体的内心信念唤起组织及其管理者的管理责任和管理良心,从而向伦理境界攀升。如果科技管理者的科技伦理素质低下,科技伦理意识淡薄,就不可能具有前瞻性的科技风险意识和风险评估判断,在科技决策中就根本不知道还需要考虑什么伦理问题,就有可能造成不应有的巨大损失。从实践上讲,只有具有较强的伦理意识,科技项目管理和决策主体才能自觉地履行社会责任,在决策时才能将短期利益与长远利益,经济效益、生态效益和社会效益结合起来进行考虑,才能实现科技为人类服务的目标;如果科技管理者缺乏基本的道德素质,就有可能为了得到某种利益,而降低各项科技管理标准,采用各种方

法歪曲相关原则，甚至不惜以科技项目的安全、公正甚至生态的破坏为代价来换取个人或小团体的局部利益。

另外，在科技管理领域，科技管理主体的道德他律，因科技管理权力的公共性质而具有特别重要的意义。由于科技管理权力总是公共权力的行使，而这种公共权力的运作又会对社会生活产生影响，其深刻性和广泛性也是其他很多领域无法比拟的。然而，当前科技管理主体的道德伦理他律社会环境亟待提升，在涉及公共权力与私利、权利与责任的关系时尤其如此。科技管理者的他律缺乏主要表现为对社会舆论监督的缺失。社会舆论是一种有效的精神力量，也是社会上人与人之间关系的一种客观存在的现实反映。这种舆论，既反映现实的人与人之间的道德关系，又对人们积极地调整道德行为起着重要的作用。我们经常所说的"舆论的压力"和"舆论的谴责"，在大多数情况下，都是和道德评价有联系的。正确的社会舆论，在提高科技管理者和科技工作者道德水平、制止不良行为方面，起着极其重要的作用。

科技管理主体的多元化导致其责任泛化和模糊，进而导致其个体的自律和他律均被削弱。当前处于大科学高技术时代，科技的社会运行十分复杂，科技项目的决策主体往往是多元的，既有科学技术研究专家组成的科技共同体，也有科技运行的管理者，可能还有公众意见的引导在起作用。科技运行决策主体工作情境的一个显著特征是"需要集体地工作和协商"。这意味着科技决策的单个主体需要参与团体的决策，而不是作为一个个体来进行决策，这种多元化主体决策方式是决策民主化的体现，在一定程度上有利于更好的决策，但是这种决策往往会以牺牲批判性思维为代价，容易产生一种"团体思维"的倾向，这种团体思维往往会不利于个体责任的承担。一旦决策失误，容易归咎于集体。事实上，每个环节的决策者对这种结果的出现都负有一定责任。

（二）从当前科技管理者的外部伦理治理来看，主要表现在科技管理的伦理外化，即法律化建设滞后和科技管理体制机制不健全

市场经济不仅仅是法治经济、契约经济，它更是道德经济。法治和契约是道德的底线和外化形式。因此，道德规范也是整个市场经济规则系统的不可或缺的重要组成部分。法律规则和道德规则不是市场经济内在固有但却是内在需要的，它的健康运行不能完全靠其自身的自然法则来维系。就科技活动实践领域来说，其健康运行离不开科技伦理的规范，也离不开

科技伦理外化为制度的强制规范。

从我国目前科技管理的法律化建设来看，缺乏对科技政策法律法规建设的宏观部署和顶层设计，科技立法面还比较窄，在科技体制改革和科技创新领域还存在一些法制空白，尤其是经济立法没有充分考虑科技发展的现实需要。科技基础性法律的阶位偏低，已出台发布实施的科技法律以原则性和指导性规定居多，缺少强制性和约束性规定，可操作性不强。科技创新的有关政策比较散乱，层次不高，力度不大，系统性不强，配套衔接不够。各种政策与法律之间、法律法规之间缺乏协调，重叠和矛盾现象存在。科技政策法律的实施也缺乏有效监督和保障。特别是如何将科技道德和价值观融入科技法律、规则、制度当中的问题尚未解决。

从我国目前的科技管理体制机制来看，宏观科技管理体制仍存在明显缺陷。政府层面的宏观管理体制设计，人为割裂了创新链条，形成了不符合科技创新规律的机械式目标分割。综合部门、科技部门、教育部门、产业部门之间的定位和作用不明确，缺乏有效的统筹和战略协调。各部门互相竞争，造成了很大的科技资源重复配置和浪费。有限的科技经费难成合力，影响了研发能力和产业技术水平的提高，降低了科技创新效率。科技评估和监督体制尚未建立。评估、监督组织与管理机构混合，管理职能和评估功能不分，缺乏合理、合法、公平、公正的评估体系和科学、客观的评估方法。虽然在科技管理制度上也设立了群众监督、行政监督、法律监督、舆论监督等与管理权相抗衡的权力，但是这种权力与科技管理权力严重不平衡，监督者往往处在信息不灵、制约无力的处境，或不能成为独立力量与科技管理权力相博弈。

由此导致的科技人才的管理和激励机制不健全，科研活动中官僚化倾向严重。科技人才的管理体制陈旧，竞争机制未建立，人员和岗位不匹配，使得优秀人才难以脱颖而出。科技领域的运行模式在相当程度上也继承了官僚系统的程序化、低效率、等级壁垒等特征。许多科研单位处于中国社会官僚系统生态链条的最末端。非竞争性、按权力和身份分配并获取科技资源的现象还广泛存在，而且表现得非常隐蔽。科技项目课题从可行性研究、立项、考核、验收等各个环节都充满了各种利益关系的交织缠绕，甚至课题的进行过程中，官僚化的情形也很严重。

第四节　科学技术社会运行伦理治理措施

现代科技已经走进人类日常生活的角角落落，人类社会中很难找到未被留下科技打上烙印的空间。科学技术的社会化和社会的科学技术化是当前不可逆转的趋势，任何人都有责任关心科技的应用，伦理治理更是不可缺位。科学技术的社会运行要发挥伦理规范的调节作用，要确立全面合理的科技目标价值体系，对科技管理者的行为产生内在制约作用，参照一定伦理规范为标准，对科技管理行为做出善恶褒贬的道德评价，激发出科技管理主、客体的工作热情和道德责任感。总的治理目标是发挥对科技管理的价值导向作用、对科技管理者的道德约束作用和对科技管理主、客体的内在激励作用。具体来说，在宏观层面，要加强科技知识普及、科技伦理和人文精神的教育，提高全民科技素养和科技伦理意识，弘扬人文精神；在微观层面，要加强科技伦理的审查评估体系、决策体系、体制运行体系的建设，完善科学技术社会运行的体制机制。

一　宏观层面措施

科学技术无疑是一把双刃剑，其发展和应用之所以能产生负面影响，观念层面的一个根本原因就是人们在发展和应用科学技术的过程中迷失了本来应有的目标，科技实践活动主体丧失了社会道德伦理责任和人文关怀的精神，在价值取向和价值准则上，出现了偏差。正是在这种反思中，人们意识到，科学技术不是外在于人的成果，而是由活生生的人正在从事着的人类实践活动，把科学技术视为工具或视为奴役者都是对人类责任的放弃和逃避，科学技术的发展和应用离不开伦理规范和人文关怀。

（一）整合科学精神与人文精神

科学技术的核心与精髓是科学精神，人文文化的核心是人文精神，对于科学技术进行人文控制最深层要求是在科学精神中注入人文理性和人文思考，实现科学精神与人文精神的有机整合。科学精神与人文精神既是相互差异和相对独立的，又是相互依存和相互促进的，两者对于人类都是不可或缺的。人类要持续生存与发展，一方面，需要确立和弘扬科学精神，以获得外部真实知识，把握客观规律和掌握实践技能与生存本领；另一方面，还需要树立和发扬人文精神，关怀人生幸福、指导社会活动、防止对象异化和为人类创造一个美好的精神家园。如果科学技术发展只是单纯地受纯粹的科学精神支配而脱离了人文精神的指导与控制，则会造成在知识急剧膨胀、物质财富极大丰富的同时，发生人的意义衰减、幸福感下降、丰富性萎缩和精神家园丢失的现象，甚至有可能发生人被科技所控制、奴役乃至毁灭的悲剧。整合科学精神与人文精神就是把求实与求善结合起来，即以求真为求善的手段，以求善为求真的目的，把人的目的的实现和幸福的增进作为探求知识的宗旨与归宿点；把务实与务虚统一起来，为科学技术的运行过程灌注一种人文思考与人文追求；是把追求自然之美与追求人生之美对应起来，一方面将关于自然规律之美、自然和谐之美、自然对称之美的科技认识成果运用到探索人生之美、增加人生之美和塑造人生之美的社会实践中去；另一方面以人的审美理念与审美原则来指导和规范科技活动，使其产生美的社会效应；是把工具理性与价值理性协调起来，以价值理性统驭工具理性，努力促使科技成果的创造与应用产生良好的满足人的需要、推动人的解放、增加人的幸福和促进人的发展的主体价值功能。

（二）确立科技运行的伦理规范和人文目标

现代科学技术具有十分巨大和多元化的效应，它既可以造福和提升人类又可以损害和毁灭人类。为了确保科学技术产生造福和提升人类的伦理目标，必须建立起完善的科技伦理规范，对于科技运行的各个层面和环节实施严格有效的道德调控。确立科技发展的伦理准则和规范是科技运行伦理治理的重要方式，也是对科学技术进行伦理调节的重要依据。若能普遍地适用和指导科技运行，就必须首先提炼出科技发展的价值目标和伦理准则。这些规范和准则在科技运行的伦理治理过程中处于核心地位，蕴含了现代科技伦理的基本精神，对具体的科技实践活动起着统领的作用，这些规范和准则也客观必然地构成了对科学技术进行伦理治理的中心任务和关键环节。

确立科技发展的伦理规范从微观个体角度说，就是确立科技管理者和研究人员的科技道德意识规范。要在科技实践主体内部大力倡导已被实践证明体现了科学精神要求、反映了科技发展规律的科技管理和研究行为规范，使广大科技管理和研究人员自觉遵守科技基本制度和具有良好的科学人格。从宏观层次上说，就要求国家和政策加强科技道德立法，制定科技道德政策，开展科技道德教育和严格科技道德控制，将科技活动系统纳入法制化、社会化的轨道，使科技运行的各个层次、环节、方面都受到有效的道德主导、道德调节和道德约束，从而确保科技成果的人道化和生态化应用，产生积极的伦理效应和道德价值。

另外，当前人类追求的是一种全面的、可持续的发展方式，发展内容既包括经济目标、生态目标，又包括社会目标和人文目标。人文目标是反映人自身生存质量和发展状况的具体项目与指标体系，其具体内容主要有人均收入、预期寿命、接受教育程度、生活满意度、幸福感受等方面。社会发展的人文目标是其他非人文目标的延伸和补充，同时又是其他非人文目标的旨归、依据和实现条件，人们所从事的各种认识与实践活动其最终落脚点和归宿点实际上也就是为了达到较高的人文目标，不断地提高人自身的生活质量和发展水平。科学技术要适应可持续全面发展方式的需要，保持其发展的人本化方向，就必须负载人文目标，承担人文任务，接受人文指导和促进人文发展。所谓确立科技发展的人文目标，就是要把人放在科技发展的主体、中心和根本目的的位置上，建立起科技发展对于人的生理需要和精神需要的满足程度、对于人的体质健康和精神愉悦的增加程度以及对于人的人格发展的支持程度诸方面的预期目标模型，然后根据这一主体性目标模型来配置科技资源，调节科技运行和促进科技发展，形成科技发展同人的人均收入、预期寿命、教育程度、人格发展、生活质量与幸福增进程度之间相互促进的良性循环机制。

（三）平衡科技教育和人文教育，培育科技伦理意识

从本质上说，科技运行的伦理治理依靠的主要是一套伦理价值观念体系。中外伦理史表明，运用一种价值观念体系对人的行为发挥指导作用，最有效途径是教育教化，它能使外在的伦理规范内化为人们自觉遵守的行为准则。不管人们的知识背景和文化背景是什么，绝大多数人都会通过教育来建立和形成一套价值目标和价值体系。因此，建构明确的伦理价值观念体系和教育体系，是实现科技运行伦理治理的内在根本途径之一。科技伦理的教育对科技实践具有重要的促进作用，它是科技运行实现良好伦理治理的支撑系统。当前科技伦理教育的重要一环就是要平衡科技教育与人文教育。即在科学知识和实用技能教育的同时，加强对全社会的人文意识进行教育和普及。良好的科技伦理教育，要使公众形成珍惜生命、尊重生命、善待生命的价值观，为人们在现实生活中保护权益、安全和福祉提供文化支撑。开展伦理治理，就是要推进伦理规范与制度安排和伦理教育的

统一，要把人文关怀整合到科学技术社会运行过程中，最终在全社会达成一致的道德共识：科学技术的应用，在价值尺度上应是善的，是造福于人类的，不应去伤害人，不应侵犯人的权益，更不应践踏人的尊严。

科技教育和人文教育是人类教育体系中的两大基本门类。这两大基本教育门类之间存在着内在的相互渗透和互相制约的密切联系，科技教育能够提高人的数理素质和实用技能，为人文教育提供必要的物质基础和技术条件，而人文教育则可以改善人的精神素质和提高人的人格品位，为科技教育提供价值目标和文化指导，两者之间任何一方滞后都将造成科学系统的生态失调，并将严重制约人的全面发展和社会的全面进步。自近代科技革命产生以来，人们对于科技教育给予了越来越高的地位和关注，而对于人文教育的态度总的来说却是越来越忽视和冷漠。这种状况在20世纪达到了空前的地步，它所造成的消极后果是十分深远的。近年来许多有识之士大力呼吁要重视人文教育，国家也开始采取了一些振兴人文教育的措施，但目前人文教育的地位还是十分薄弱的，两大教育之间仍然是畸轻畸重、严重失衡的，这种局面如果长期得不到扭转，必将严重制约国民素质提高，影响社会精神文明建设，妨碍社会主义现代化目标的实现，也将难以控制严重的科技异化现象的继续发展。由此看来，为了使当前的科技发展能够切实承载人文目标、接受人文控制和促进人文发展，必须大力加强人文教育工作，使其与高度发展的科技教育保持综合平衡与协调发展。科技教育与人文教育平衡发展，一方面，必然会增强公众的科技伦理意识，使其在科技实践活动参与过程中能自觉遵守必要的科技伦理规范，并发挥他们在科技活动中的监督作用；另一方面，必然会增强其对科技行为的前瞻判断力，使其在面对新的、前沿性科学技术时能迅速做出正确的是非判断，引导科学技术向有利社会进步和造福人类的方向发展。

二　微观层面措施

伦理既是人与人之间关系的反映，它能在一定程度上对人与人之间的关系和行为进行调节规范，但伦理通常是约定俗成的，没有通过法定程序来制定，伦理规范并不具有法律强制性。科技伦理主要是以科技实践活动行为为调节对象，这使得科技伦理具有不同于一般伦理的特征。若是停留在一般伦理层面，科技伦理的调节作用就会大打折扣，甚至无法发挥作用。尤其是在政治和公共管理领域，伦理往往要让位于政治。科技管理者可能会为了自身政治和经济利益，无视科技伦理，大肆误用、滥用科学技术，这使得科技伦理显得更加无奈和尴尬。这时就需要运用科技伦理的准则和规范建立起一套具有强制力的科技体制和法律法规，将科技伦理外化为制度层面的体制结构和程序措施，实现科技立法、科技审查评估和科技决策的伦理参与，只有这样才能最终有效实现科学技术社会运行的伦理治理。

（一）推进科技伦理的法律化和科技立法的伦理参与，推行"德法兼容"的科技运行治理模式

科技伦理作为道德规范，因其自身的非强制性，有时可能无法对科技活动中的失范行为进行有效调节。这时就必须突破伦理建设思维的限制，考虑把科技伦理道德准则和规范上升为代表国家意志的法律法规。法律法规作为一种强制性的社会规范，它的直接作用就是惩处恶行，它更具权威性和约束力，能更好地调节人们的行为，发挥更好的导向和规范作用。对于全社会已经形成并被社会大众所接受的科技伦理道德共识，要根据具体情况将其上升为具有普遍约束力的法律法规，通过法律法规的约束性来规范科技实践活动，避免科技实践活动超出伦理道德的底线。

科技立法和科技政策制定是科技管理的重要环节和措施，它决定和影响着科技发展方向、目标、重点和途径等，对于保障科学技术的稳定协调发展，促进科技进步具有重要作用。科技立法不仅受到科技发展规律支配，而且还受社会的政治、经济、文化等多方面的影响和制约。在现代科技发展给人们的传统伦理道德观念带来巨大冲击的情况下，科技立法不仅要体现促进经济和科技自身发展的基本要求，而且更要体现自然生态与人类社会和谐发展的伦理要求。这就需要在科技立法和科技政策的制定、实施和不断完善的过程中要有连贯性，要强调伦理参与，强化伦理价值导向。

（二）推进科技体制设计和运行的伦理渗透，完善科技管理制度

体制，一般指的是国家机关、某企事业单位系统的机构设置和管理权限划分及其相应关系的制度。从系统学角度看，体制是系统要素的联系方式，是系统要素之间发生相互联系、相互作用的桥梁和纽带。体制结构作为一种系统相对稳定的形态，是系统运行的最重要和最根本的保障。科技体制就是关于科技领域管理机构设置、职责范围、主体权力划分和运行方式的基本制度，是科学技术活动的组织体系和管理制度的总称。它很大程度上决定着科技实践活动行为和科技发展的最终形态。科技体制不仅受到

国家政治体制、经济体制、意识形态和科学文化传统的综合影响，还必然受到伦理因素的制约。科学技术的社会化加剧以来，科技管理组织由单一的、小规模的向综合性的、大规模的直至国家和跨国科技管理的方向发展，这些组织机构之间的利益关系越来越错综复杂，渗透进伦理治理元素的科技体制作为调节科技组织活动中的利益关系的重要制度形式，具有越来越重要的地位和作用。

科技体制设计和运行的伦理渗透，主要是科技体制的设计及运行中要蕴含先进的价值观念、普世的伦理原则和公认的道德规范，强化伦理考量，把现代科技伦理的精神渗透于科技管理的机构设置、职责范围、权属关系和管理方式等结构体系中去。在体制设计时，我们要强调人本和公正的伦理原则，以权力约束为核心，完善法律制度体系，强化内部和外部监督，设立独立的或相互制约的监督组织机构，明确监督权责，实现科技管理者、科技工作者、公众、企业等多元科技实践主体的利益均衡公正分配；在体制运行时，要规定权力运行的程序，限制权力运行的边界和范围，设置独立运行的力量行使监督权力，在科技管理的各个环节上都要设防，包括信息公开、权力制约、权力运行、权力监督、违规处罚等，尽量避免科技管理体制设计和运行的漏洞，要经常性地检查、总结体制运行情况，了解体制运行中存在的问题并不断完善。

（三）推进科技实践中的伦理评估审查，推行科技运行的前瞻性伦理决策

高科技时代科技实践活动中的决策，既要遵循科学技术的理性逻辑，也要遵循充满人类价值的伦理关怀和人文精神，这是当代高科技发展的必然要求，也是科技管理伦理治理发展的客观趋势。在存在科技风险条件下，如何保证科技运行满足人类利益的最大化而又确保最小伤害，如何能够平等公正对待科技实践活动所涉及的所有利益相关者，如何实现既符合当代人的当前利益又符合全人类的长远利益，这是非常困难的决策问题。解决好这些问题，就需要极大地提高决策者的前瞻性和预见能力。这种前瞻性来自完善细致的科技实践的伦理评估与审查程序和工作。

20世纪80年代以来，为保护人类在科学技术研究和应用活动中的权益，在某些特殊领域，独立于科研机构的伦理审查委员会已经应运而生。他们通过对涉及的研究方案的科学、伦理合理性进行论证和把关，对研究项目是否实施做出"同意"、"不同意"或暂缓的决定，进而通过制定严

格的入选和排除标准，保证涉及科学技术研究顺利进行。当今，科技运行所涉及的伦理领域日益广泛和复杂，应进一步健全科技伦理审查机制、机构和程序，扩大科技伦理评估和伦理审查的范围和深度。科学技术评估和审查要客观、真实、准确地反映不同评估对象的真实情况，增加科学技术评估审查活动的公开性与透明度，保证评估审查工作的独立性和公正性，严格评估审查结果的科学性、客观性和权威性。积极鼓励和支持从事科学技术评估审查的社会管理和中介机构的建设与发展，建立健全评估审查机构资格认证制度，以及与科学技术评估审查工作相配套的制约机制和责任追究机制，以促进科学技术评估审查专业社会管理和中介机构的健康发展。除了专业的评估审查机构以外，针对一些重点科学技术工程，还要建立政府、科技专家、公众等多方参与伦理评估和伦理审查的机制。针对涉及政治、社会利益并存在争议的科技问题，管理部门、科研机构、非政府组织和公众展开交流讨论，形成一定伦理共识，提供良好的科学技术决策。公众参与的形式可以多种多样，我国在诸如 SARS、禽流感、太湖蓝藻事件、转基因主粮争论、基因歧视案、八胞胎和代孕技术等一系列与科学技术相关的重大事件中，已出现了公众参与的雏形。但如何在科技领域公共决策中进一步建立沟通对话机制，形成多渠道、多层次的"反馈—协商"模式，消除公共焦虑和伦理分歧，在科技领域的公共决策中体现科技伦理的影响力，依然任重道远。

主要参考文献

1. 《马克思恩格斯全集》（19、23、25、42、46卷），人民出版社1972年版。
2. 《马克思恩格斯选集》（1—4卷），人民出版社1995年版。
3. 马克思：《1844年经济学哲学手稿》，人民出版社1985年版。
4. 恩格斯：《自然辩证法》，人民出版社1984年版。
5. ［德］康德：《实践理性批判》，商务印书馆1960年版。
6. ［德］黑格尔：《法哲学原理》，商务印书馆1979年版。
7. 《爱因斯坦文集》第3卷，许良英等编译，商务印书馆1979年版。
8. ［法］彭加勒：《科学的价值》，李醒民译，光明日报出版社1988年版。
9. ［英］J. D. 贝尔纳：《科学的社会功能》，陈体芳译，商务印书馆1982年版。
10. ［德］马克斯·韦伯：《学术与政治》，冯克利译，生活·读书·新知三联书店1998年版。
11. ［美］罗尔斯：《正义论》，何怀宏等译，中国社会科学出版社1988年版。
12. ［美］安德鲁·芬伯格：《技术批判理论》，韩连庆、曹观法译，北京大学出版社2005年版。
13. ［美］托马斯·库恩：《必要的张力》，纪树立译，福建人民出版社1989年版。
14. ［美］大卫·格里芬：《后现代科学——科学魅力的再现》，马季方译，中央编译出版社1995年版。
15. ［美］伯纳德·巴伯：《科学与社会秩序》，顾昕等译，生活·读书·新知三联书店1991年版。
16. ［美］罗伯特·K. 默顿：《十七世纪英国的科学、技术与社会》，范岱年等译,商务印书馆 2000 年版。

17. [美]赫伯特·马尔库塞:《单向度的人》,刘继译,上海译文出版社 2006 年版。

18. [法]阿尔贝特·史怀哲:《敬畏生命》,陈泽环译,上海社会科学出版社 1992 年版。

19. [美]罗尔斯顿:《哲学走向荒野》,刘耳、叶平译,吉林人民出版社 2000 年版。

20. [美]巴里·唐芒纳:《封闭的循环——自然、人和技术》,侯文蕙译,吉林人民出版社 1997 年版。

21. [美]雷切尔·卡逊:《寂静的春天》,吕瑞兰、李长生译,吉林人民出版社 1997 年版。

22. [美]A. 利奥波特:《沙乡年鉴》,侯文蕙译,吉林人民出版社 1997 年版。

23. [英]李约瑟:《中国科学技术史》,袁翰青、何兆武等译,科学出版社 1975 年版。

24. [法]乔治·萨顿:《科学史和新人文主义》,陈恒六、刘兵、仲维光译,华夏出版社 1989 年版。

25. 周辅成:《西方伦理学名著选辑》,商务印书馆 1987 年版。

26. 罗国杰:《伦理学教程》,中国人民大学出版社 1994 年版。

27. 余谋昌:《高科技挑战道德》,天津科学技术出版社 2001 年版。

28. 宋惠昌:《现代科技与道德》,中国青年出版社 1987 年版。

29. 何怀宏:《契约伦理与社会正义》,中国人民大学出版社 1993 年版。

30. 刘大椿:《在真与善之间——科技时代的伦理问题与道德抉择》,中国社会科学出版社 2000 年版。

31. 陈昌曙:《技术哲学引论》,科学出版社 1999 年版。

32. 徐少锦:《科技伦理学》,上海人民出版社 1989 年版。

33. 张华夏:《现代科学与伦理世界:道德哲学的探索与反思》,中国人民大学出版社 2010 年版。

34. 程现昆:《科技伦理研究论纲》,北京师范大学出版社 2011 年版。

35. 杨怀中:《现代科技伦理学概论》,湖北人民出版社 2004 年版。

36. 陈筠泉等:《新科技革命与社会发展》,科学出版社 2000 年版。

37. 黄顺基等:《自然辩证法概论》,高等教育出版社 2004 年版。

38. 王前：《技术伦理通论》，中国人民大学出版社 2011 年版。
39. 王国银：《德性伦理研究》，吉林人民出版社 2006 年版。
40. 卢风：《科技、自由与自然——科技伦理与环境伦理前沿问题研究》，中国环境科学出版社 2011 年版。
41. 肖平：《工程伦理导论》，北京大学出版社 2009 年版。
42. 邱仁宗：《生命伦理学》，上海人民出版社 1987 年版。
43. 李建会：《与善同行：当代科技前沿的伦理问题与价值抉择》，中国社会科学出版社 2013 年版。
44. 肖峰：《高科技时代的人文忧患》，江苏人民出版社 2002 年版。
45. 高亮华：《人文主义视野中的技术》，中国社会科学出版社 2006 年版。
46. 江晓原、刘兵：《伦理能不能管科学》，华东师范大学出版社 2009 年版。
47. 杨舰：《科学技术的社会运行》，清华大学出版社 2010 年版。
48. 韩东屏：《疑难与前沿——科技伦理问题研究》，人民出版社 2010 年版。
49. 戴艳军：《科技管理伦理导论》，人民出版社 2005 年版。
50. 吴国盛：《现代化之忧思》，湖南科学技术出版社 2013 年版。
51. 李醒民：《科学的精神与价值》，河北教育出版社 2001 年版。
52. 庞晓光：《科学与价值关系的历史演变》，中国社会科学出版社 2011 年版。
53. 甘绍平：《应用伦理学前沿问题研究》，江西人民出版社 2002 年版。
54. 程东峰：《责任伦理导论》，人民出版社 2010 年版。
55. R. Joseph, *Environmental Ethics*, Belmont: Wads Worth Publishing Company, 1993.
56. Daniels, *Justice and Justification: Reflective Equilibrium in Theory and Practice*, New York: Cambridge University Press, 1996.
57. R. Procter, *Value – Free Science*, Harvard University Press, 1991.
58. 陈万球：《中国传统科技伦理思想研究》，博士学位论文，湖南师范大学，2008 年。
59. 张敏：《论生态伦理学的生态——整体论进路》，博士学位论文，吉林大学，2008 年。
60. 冯昊青：《基于核安全发展的核伦理研究》，博士学位论文，2008 年。

61. 张春美：《基因不能做什么——现代基因技术的伦理思考》，博士学位论文，2003 年。
62. 齐艳霞：《工程决策的伦理规约研究》，博士学位论文，2010 年。
63. 肖峰：《从元伦理看科技善恶》，《自然辩证法研究》2006 年第 4 期。
64. 王善波：《科学评价标准的理论研究》，《山东大学学报》（哲学社会科学版）1994 年第 4 期。
65. 王国豫等：《纳米伦理：研究现状、问题与挑战》，《中国科学》2011 年第 2 期。
66. 马兰：《神经科学前沿性伦理问题探析》，《前沿》2012 年第 13 期。
67. 樊春良等：《关于我国生命科学技术伦理治理机制的探讨》，《中国软科学》2008 年第 8 期。
68. 甘绍平：《忧那思等人的新伦理究竟新在哪里?》，《哲学研究》2000 年第 12 期。
69. 熊英：《我国科技伦理道德建设的现实障碍与对策研究》，《湖北社会科学》2011 年第 6 期。
70. 向玉乔：《政府环境伦理责任论》，《伦理学研究》2003 年第 1 期。
71. 陈彬：《当代科学技术与社会发展》，济南出版社 2010 年版。

后　　记

十二年前，我走进科技哲学专业的大门，加入研学哲学的行列，激动之余，面对陌生而又深奥的哲学学问曾有几分胆怯和自卑，三年苦读之后，也仅如恩格斯所谓的"脱毛"一般，掌握了一点专业基础知识而已。九年前，我走进课堂成为一名科技哲学主讲教师，面对莘莘学子，唯恐学业不精，误人子弟，一刻也不敢怠慢专业研学。数年来，不断向同行讨教，不断研学积累，不断教学相长，终于让我体验到面对哲学问题冥思苦想的艰辛与豁然开朗的快感，但感觉下笔成书还是遥不可及的事情。

五年前，山东省伦理学与精神文明建设研究基地准备策划组织撰写一套应用伦理丛书，由于自研究基地被批准成立挂靠山东省委党校哲学教研部以来，我就承担研究基地的日常服务和学术交流组织工作，逐渐学习掌握了一些伦理学专业知识和前沿研究热点，特别是对科技哲学和伦理学的交叉学科内容研究有了一些思考，在一些学术交流场合也作过简单阐述，研究基地的领导和专家们，特别是贾英健教授和吕本修教授就鼓励支持我撰写一本关于科技伦理方面的著作作为丛书之一。面对他们的热情鼓励，我感到十分兴奋，更感到忐忑不安，唯恐自己才疏学浅，自不量力，完不成交给我的任务。在他们的再三鼓励和鞭策下，我还是鼓足勇气接下了这一任务。

科技伦理是一门年轻而又充满生机的学科，两百多年前，在康德看来，科学在于求真，道德在于求善，他的批判哲学体系明确地将科学王国和道德王国加以区分，从而把科学认识与道德信仰区别开来，他同时认为必须选择一种手段即反思判断力，来消除科学王国与道德王国之间的鸿沟，虽然最终康德未能实现二者之间的真正统一，但给后世带来了深远的影响。今天，科学技术与伦理学之间发生了复杂的关系，现代科学技术与伦理之间的激烈碰撞，进一步加剧了科学与道德的分裂和冲突，而科技伦理可能就是科技时代搭建沟通两个王国之间的桥梁。然而，真正潜下心来，搭建起这座桥梁却并非易事。写作过程中几度力不从心，深感科技伦理涵盖内容广泛，现实问题纷繁复杂，受限于自己的理论水平以及相关知识的匮乏，本书也许没有能力肩负起相关的辨识和判断，不能承担完备流畅的论证责任。但面对领导和同事们的热情帮助和大力支持，自己咬牙坚持，总算基本完成了当初设想的书稿体系。虽然拙著尚显肤浅稚嫩，但总算是一种自觉的反思。由于水平有限，疏漏和失误在所难免，恳请专家、读者批评指正。

非常感谢写作过程中贾英健教授和吕本修教授给予的大力支持和鼓励鞭策。感谢张友谊教授等同事们给予的热情指导和帮助。写作中还参考了国内外许多同类书籍、教材和论文的最新成果，感谢前辈同行们给予的启发和灵感。还要特别感谢中国社会科学出版社卢小生主任，是他们辛勤的付出，严谨的工作，才使得该书得以成功出版。最后我要感谢我的家人的支持，你们的理解是我永远的动力！

文至此，心未止。行路致远，砥砺前行！

陈　彬
2014 年夏于泉城